HUAWEI TECHNOLOGIES

ファーウェイ

強さの秘密

任正非の経営哲学 36の言葉

鄧斌 Deng Bin 著　光吉さくら 訳　楠木 建 監修

日本実業出版社

华为管理之道：任正非的36个管理高频词

(ISBN:978-7-115-51609-1)

Originally published in Chinese by Posts & Telecom Press

日本語版監修によせて

楠木　建

本書が中国で発売されたちょうどその頃からファーウェイには強い逆風が吹き始めた。アメリカ政府はファーウェイをブラックリストに入れ、半導体の供給規制など制裁を強めている。超大国でありながら共産党独裁体制という特殊な性格を持つ中国の、しかも情報通信を本業とするファーウェイは、国際政治の力学の中で創業以来最大の危機にあるといってよいだろう。

ただし、である。ファーウェイが現在の困難な状況に置かれているのも、同社が中国を代表する企業として世界的な地位を占めるに至ったからこそである。本書はファーウェイの成長と成功の基盤にあった経営哲学とそこから導かれたマネジメントのあり方を詳述している。

中国の成長経済と情報通信技術の急速な進展の追い風を受けてのし上がった会社のように誤解されがちだが、ファーウェイはそうした「ポッと出のラッキーなベンチャー企業」ではない。30年以上の時間をかけて、じっくりと競争力に磨きをかけてきた。その過程ではさまざまな困難や障壁があったが、それをマネジメントの力でひとつひとつ克服している。

ファーウェイの経営哲学は極めてシンプル。中国語にすれば「以客戸為中心、以奮闘者為本」というたった12文字の言葉に尽きる。つまりは「顧客第一主義、奮闘者が基礎」。このシンプルな哲学を実際の企業活動の中で実現する――ここに創業経営者の任正非のマネジメントの要諦がある。彼は言う。「砲声が聞こえる第一線の人たちに決断してもらっているのです。戦うかどうかは顧客が決めるもので、どう戦うかは前線が実行していくものです。前線が後方を指揮するのであって、後方が前線を指揮するのではありません」。

この考え方に基づいて、ファーウェイの組織の動き方は隅々まで設計されている。誰もが「顧客第一」という言葉を口にする。しかし、実際に組織を動かすとなると、本社や上層部の権限で現場を「押す」ことになる。しかし、ファーウェイの組織はこれとは逆に顧客に接している現場が「引く」メカニズムを主軸としている。本社が押していると、無用のワークフローが増え、しかもどこがうまくいって、どこがうまくいっていないかが見えない。顧客接点から引っ張るマネジメントであれば、どのロープに力がないかがすぐにわかる。引く力が強い部門や業務に人員や資源を優先的に振り向け、ロープがたるんでいるラインはすぐに切る。これがファーウェイの「第一線が武器を要請する」という考え方であり、「顧客第一」を実践する仕組みとなっている。

誰もが理解できる常識的な言葉でなければ、多くの人々を突き動かす理念にはなりえない。「顧客第一主義、奮闘者が基礎」もごく当たり前のことに聞こえる。しかし考えてみれば、普通の人が普通の人に対して普通にやるのが商売。当たり前のことを当たり前にやるのが経営の王道だ。そして、これが最も難しいのである。

言葉と実践が乖離し、当たり前のことができなくなってしまっている経営者が多い今の日本にあって、本書が描く「当たり前の経営」は重要な教訓を投げかけている。

2020年12月

緊急序文

日本語版によせて

このたび、日本で『ファーウェイ　強さの秘密』が出版されることとなり、たいへんうれしく思う。また、日本語版に寄せて序文を依頼され、ふたつ返事でお引き受けした。

2020年9月15日は、華為人（ファーウェイ人）にとって最も印象に残る出来事が3つあった。

1. この日は、ファーウェイの創立33周年であった。
2. この日は、アメリカのファーウェイに対する半導体の供給規制が発効した日であった。
3. この日は、アメリカの半導体メーカーNVIDIA社が、世界をリードする半導体設計資産（IPコア）のライセンス提供企業アーム・ホールディングス[1]を400億ドルで買収したことを発表した日であった。

この3つの出来事は同じ日に起きたが、これには多くの人が落胆した。アメリカがファーウェイに対する制裁を強めて、法律を3度改正して行なった規制は、ファーウェイの生産、そして運営に多大なる困難をもたらした。だが、世界中の政府と企業は今まさに「デジタル化」と「インテリジエント化」を推進しているところであり、ＩＣＴ産業の競争よりもはるかに大きなチャンスが存在している、とファーウェイは考えている。

ファーウェイの輪番ＣＥＯ郭平《グオピン》は２０２０年9月23日のＨＵＡＷＥＩ ＣＯＮＮＥＣＴ[2]にて、日本のメディアの報道について触れている。アメリカのファーウェイに対する禁止措置は、日本企業にも1兆円以上にのぼる損失をもたらした。米半導体工業会（ＳＩＡ）や国際半導体製造装置材料協会（ＳＥＭＩ）も、アメリカ政府による禁止措置というやり方に憂慮を示している。この措置は、アメリカ以外の半導体メーカーを制限するだけではない。アメリカ企業による半導体販売に対しても極めて大きな制限をもたらしているからだ。ともあれ、ファーウェイは「グローバル化」と「多角化」という戦略を維持していくことだろう。ＩＣＴ産業における相互信頼・相互利益、分業・協業は、世界中の産業の発展に最も有利なのだから。

各種メディアに流れる情報のうわべだけを見て、ファーウェイに対する認識を狭めてはならない。そこから抜け出して、ファーウェイのマネジメントの道を探り、本質に切り込むべきである。つまり「ファーウェイはいかにして、アメリカが国際緊急経済権限法を発動してまで制裁を科すほどの一大グローバル企業へと発展したのか」ということだ。

本書は、報道では見えてこないファーウェイの文化、ファーウェイの精神、そしてファーウェイのマネジメント思想についてまとめたものである。より多くの日本の読者を刺激し、ファーウェイを深く理解していただきたい。それこそが、本書が日本で出版される意義といえるだろう。最後に、本書を手にしてくださったみなさんに、感謝の意を表したい。

２０２０年12月

鄧斌

注

1　イギリスのファブレス企業。ファブレスとは、製造を行う工場などの施設（fabrication facilities）を持たない（less）こと。２０１６年以降ソフトバンクグループの傘下だった。アーム製品は世界のスマートフォンの約90％に使用されており、ファーウェイを含む中国のテクノロジー企業の多くはアーム製品を採用している。

2　ファーウェイコネクト。グローバルなＩＣＴ業界向けのフラッグシップイベントで、毎年開催される。ファーウェイが主要な戦略を公表する場として注目されている。

序
ファーウェイの道は「常の道」と「常に非ざる道」

「道可道、非常道（道の道とすべきは常の道に非ず）」（『老子』[1]からの引用。「世の中の人が一般に守るべき道だと考えているもの、それは恒常不変の道ではない」ということ）。ファーウェイのマネジメントの道は「常の道」でもあり、「常に非ざる道」でもある。30年の時間をかけて、ファーウェイは世界をリードする企業の仲間入りを果たしたが、その成功の要素の最たる鍵は間違いなく任正非《レンジェンフェイ》（じんせいひ）という人の存在である。企業家はコピーなどできないが、企業のマネジメント方法なら総括し、学ぶ価値がある。

ファーウェイの成功の源には2つの道がある。

1つはとてつもなく長く広いレースコースを選択したことだ。つまり、任正非の言う「情報と通信技術」を主流として30年間揺らぐことなく守り抜き、数十万人が城壁の入口に狙いを定めて猛攻を続けているのである。これらに費やした時間の効果は非常に大きい。競争相手にとって時間は最大の敵である。かつて手の届かなかった競争相手は、みなはるか後方に抜き去られた。時間はファーウェイにとって最高の友である。時間はファーウェイに次々と勝利をもたらした。2Gで世に出て、3Gで追いつき、4Gで追い越し、5Gでリードするという前人未踏の地に足を踏み入れた。

もう1つはマネジメントの道である。平たくいえば**「顧客第一主義、奮闘者が基礎」**、「大道至簡（大道《だいどう》は至《いた》りて簡《やす》し）」〔基本原理や法則（大道理＝大道）はきわめて簡単ですぐに理解できるということ〕である。これらは中国ではよく知られた言葉で、『老子』や『論語』の中の言葉をまとめたものともいわれる。習近平《しゅうきんぺい》（国家主席）や李克強《りこくきょう》（首相）など政治家の講話の中でも用いられた。

この標語によって、ファーウェイの勝利の船は主流において、必然の王国〔盲目的に必然性の世界を受け入れること〕から自由の王国〔自らが自然界と社会の主人となること〕へと舵を切った。その核心とは、常識を尊重し、変化を柔軟に受け入れて対応し、革新を超越して果敢に勝利を追求することである。

ファーウェイ文化の核心を仔細に分析してわかったことがある。それは常識や理性という「光」と、革新や超越という「勇気」が至るところで輝きを放っているということだ。たとえば「雷鋒《らいほう》」〔1940～1962年。事故により21歳で夭折した中国人民解放軍の兵士の名。本名は雷正興《らいせいこう》。勤勉で真面目、弱者を助けた。このため共産主義青年団の模範として讃えられ、政治宣伝に利用された〕のように、自己犠牲を厭わない人に損をさせない、批判と自己批判をし続ける、「顧客第一主義、奮闘者が基礎」というものだ。これらは地味に聞こえるが、どれだけの企業がまともにやり抜けるだろうか。ウォーレン・バフェット[2]が言うように、常識とは大多数の人が備えているべきものだが、その実態は認知されていないのである。

もしファーウェイの文化を学ぶことをここまでとしてしまえば、斉白石《せいはくせき》の言う「学我者生、似我者死（我から学ぶ者は生き、我に似せる者は死す）」〔他人をただ模倣する者はいつか滅びる、の意。画家の斉白石が自分の画風を真似て成功した弟子を諭した言葉から〕という旧来の型に、大半がはまってしまうだろう。さらにファーウェイの文化を見ていけば気づくことだが、常識と革新、素朴で普通のものと変化のあるもの、理性と超越というものは実のところ矛盾したものである。しかしファーウェイはこういった矛盾の中で絶えず反エントロピーを増大させ、「主要な矛盾」と「矛盾の主要な側面」〔毛沢東『矛盾論』からの引用。「主要な矛盾」とは、複雑な事物の発展過程で存在する多くの矛盾のうち、必ずそのうちの1つが主要な矛盾であるというもの。「矛盾の主要な側面」とは、さまざまな矛盾には2つの側面が存在し、必ずその一方が主要な側面であるというもの〕を捉える中で波状の前進、らせん状の上昇を実現している。ファーウェイの発展史は矛盾の中の発展史である。たいていは外部での困難が大きくなるにつれ、内部はより団結し、発展のエネルギーもより大きくなっている。

任正非は次のように言っている。どんな会社や組織であっても、新陳代謝がなければ生命は止まる。血の通った活動をすれば、必ず矛盾と争いが生じ、必ず痛みを伴う。また任正非は、ファーウェイはこの30年間、困難がないどころか、困難だらけだったとも言っている。ファーウェイは理想のために努力する。物のために努力するのではなく、すべての人が利益を得られるような情報社会を構築するために努力している。このような、社会のレベルを上昇させようとする企業家精神と教養こそが、本当の道のレベルなのである。
本書の著者、鄧斌《ドンビン》は本書の中で何度もこのエッセンスに言及している。本書を読んでファーウェイのマネジメント道を改めて感じたところで、私は思わずこの言葉を思い出した。「人心惟危、道心惟微。惟精惟一、允執厥中（人心《じんしん》惟《こ》れ危うく、道心《どうしん》惟れ微なり。惟れ精《せい》惟れ一《いつ》、允《まこと》に厥《そ》の中《ちゅう》を執る）」（『書経』[4]「大禹謨」からの引用。「人の心というのは危険であるから、まず自らの倫理道徳を研ぎ澄ませること。物事に対して誠心誠意をもってあたり、言論に偏りなく中道の道を行く」ということ）。

本書が発売された頃（中国での発売は２０１９年8月）、アメリカはファーウェイをブラックリストに入れた。これはファーウェイの危機でもあり、近年の世界中のＩＴ企業における最大の危機でもある。このためファーウェイは「スペアタイヤ計画」（いざというときのためのリスクヘッジを活用すること）を発動し、従業員が一丸となって立ち向かい、冷静に対処した。世界中のＩＴ企業が協力することでウィンウィンになり、調和を取りながら発展していくことを願うとともに、我々はファーウェイが永遠に続いていくと信じているし、そうあってほしいと願っている。困難の後には、必ずや素晴らしい未来が待っているだろう。

２０１５年、私は17年間在籍したファーウェイを退職して起業した。ファーウェイ同様、私も「科学技術とインクルーシブ」の理念を実践しているところだ。ファーウェイのビジョンは基地信号をチョモランマ（エベレスト）峰の頂からアフリカ砂漠までカバーすることだが、私たちのビジョンは科学技術とイノベーションによって、インクルーシブファイナンスを実現することだ。

文化に境界はない。マネジメントの道にも企業の区別はない。理論と実践を組み合わせて、実状に即して物事の本質を追求し、とどまることなく精進を続ける。そうすれば、私たちのビジョンは必ずや実現するだろう。

楊蜀《ヤンシュウ》　ファーウェイ元副総裁、海外エリア総裁（1998〜2014年在籍）

刷宝《シュアーバオ》科技有限公司、標普雲《ビャオプーユン》科技有限公司の創業者兼CEO

2019年6月、深圳《しんせん》にて

注

1　老子は中国春秋時代の学者。生没年不詳。老子の思想は諸子百家の1つである道家や、道教に大きな影響を与えた。『老子』（または『老子道徳経』）の著者とされる。

2　1930年〜。アメリカの投資家、経営者であり資産家。世界最大の投資持ち株会社バークシャー・ハサウェイの筆頭株主。

3　1864〜1957年。中国近代の画家。エビの絵を得意とした。

4　成立年不詳。中国古代の天子や諸侯の命令や言行、重要な歴史などを記したもの。儒家の経典の1つ。

自序
ファーウェイの真髄を表す12文字

1998年のIBMの年間売上高は米ドルで900億ドル（約12兆円）、ファーウェイの年間売上高は90億元（約1兆4000億円）にも満たなかった。そこで、ファーウェイ創業者の任正非は、IBMにマネジメントの信念を学ぶことにした。

当時のファーウェイ内部からはさまざまな反対の声があがった。IBMは大きすぎる、ファーウェイが学べるわけがないと考えていたからだ。任正非は厳しい口調でこう言った。「今、IBMを超えられる新しい発想のある人は手を挙げて。恐れることはない。きみが900億ドルの生産額を生み出せるのなら、我々はきみから学ぶべきで、IBMから学ぶ必要なんかない。今、現在その能力がなく、真面目に学ぶこともせず、十分に理解もできていないときに何かを発言するのは、出しゃばりってもんだ」。

時間はすべての人に公平に存在している。時間をどう使うかによって、成果も変わる。2019年7月22日、『フォーチュン』誌の「グローバル500」ランキングが発表されたが、ファーウェイは61位にランクインし、IBMは114位だった。ファーウェイは師と仰ぐIBMを超えた。「青出於藍勝於藍（青は藍より出でて藍より青し）」とはまさにこのことだ。

「グローバル５００」の主な評価指標は年間の総収益である。厳密にいえば「世界の大企業ベスト５００」のランキングである。つまり現在のファーウェイは、世界レベルの大企業と言っても過言ではないのだ。

また、２０１８年10月4日には、世界最大のブランディングファームであるインターブランド社が「ベストグローバルブランド２０１８」を発表したが、ファーウェイは中国企業で唯一ランクインし、68位だった。ブランドの価値は76億ドル（約８６６０億円）に達していた。

68位がどういうことかというと、男性陣ならご存知のランドローバーは78位、フェラーリは80位だった。また、女性にはおなじみのティファニーは83位、ディオールは91位、バーバリーは94位、プラダは95位だった。こうやって具体的な企業名を並べてみると、実感も湧くだろう。このランキングは全世界、特に欧米において、「ファーウェイ」が彼らの生活に重大な影響を与えていることを意味する。今やファーウェイは世界レベルの強力な企業なのだ。

だが、私が言いたいのは、ファーウェイの「ブル（強気）」は「大きさ」や「強さ」にあるのではないということだ。ファーウェイは世界で唯一、3種類のビジネスモデルを同一のブランドでやり通している企業だ。3種類のモデルとはＢｔｏＢ（大手企業）、ＢｔｏＢ（中小企業）、ＢｔｏＣ（一般消費者）だ。ファーウェイの競争相手のエリクソン、ノキア、シスコシステムズ等はみなこのように発展しようとしなかった。だがファーウェイは3種類ともやり通し、しかもすべてにおいて大成功を収めた。

最も驚くべきことは、ファーウェイがこの3種類のビジネスモデルを展開するのに用いたのが、同じヒューマンリソースマネジメントのモデルだったことだ。これは世界中で唯一無二の例だろう。

マネジメントの核心の命題とは何か。それは人の能力を活性化させることである。人間性は通じ合う。経営環境の変化に対して常に高いアンテナを張り続け、人間性を熟知している任正非は、「ファーウェイには歴史などいらない」と力を込めて言う。「遺伝子説」〔1926年にモーガンが確立した「生物の遺伝は粒子的な遺伝子によって決定される」という説〕と「宿命論」〔世の中の出来事はすでに決められており、人間の力ではそれを変更することができないとする考え方〕に縛られることなく、また過去の成功に限定されることなく、常に顧客のニーズと市場を熟知して、未来へ進む案内人となっている。だから、ファーウェイの発展は向かうところ敵なしなのである。

私はファーウェイのマネジメントモデルを15年（うちファーウェイには11年間在籍）にわたって研究しているが、業界の多くの企業がファーウェイのマネジメントモデルに注目し恩恵を受けている。私と書享界[6]の講師陣はしばしば企業や有名大学のマネジメント講座に呼ばれ、「ファーウェイマネジメントの道」の講義を行っている。2019年6月までに、私自身はこの講義を300回以上行った。「ファーウェイマネジメントの道」をひと言で言うならきわめてシンプルだ。**「以客戸為中心、以奮闘者為本（顧客第一主義、奮闘者が基礎）」**、まさにこの12文字に尽きる。

「顧客第一主義」は企業価値の獲得のあり方を、そして「奮闘者が基礎」は価値評価と価値分配のあり方を示している。

企業経営のマネジメントはすべて「価値のマネジメント」をめぐって展開する。実にシンプルでクリアなロジックは、いわゆる「常識」である。だが常識の尊さはまさしくここにあり、誰もがみな知っているのに、それを全うできる者はきわめてわずかだ。任正非はこの常識を信じることを選んだ。そしてその常識を固く守り、この30年あまり、事にあたってきた。これこそが任正非という人のずば抜けて優れた点だ。

世界レベルの企業の「勝利」の法則を検証するのは本当に難しい。私は微力ながらもファーウェイの伝記を書くことにしたが、今の市場ではファーウェイ関連の書籍はすでに多数出版されている。そのため本書は視点を変えて読者のみなさんとファーウェイマネジメントの道を分かち合いたいと思う。

本書では、任正非のファーウェイ創業以来30年間の社内外でのスピーチと、合計1000万字あまりの任正非名義のメールの内容から、最も代表的で頻出する36の言葉をピックアップして主な構成とした。これらは「マネジメント」と「経営」という2つのタイプに分けられる。また、マネジメントタイプの言葉は、ファーウェイに特徴的な力の方向によって、さらに2つに分けた。それは、マネジメントの「引く力」を代表する言葉と、「押す力」を代表する言葉である。さらに、経営タイプの言葉も2つのタイプに分けられる。それは「現在の事業を代表する言葉」と「未来の事業を代表する言葉」である。

本書では、これら36の言葉が発せられた背景と使用場面を解析し、多数の実例を加えてまとめた。より自由に、そして気軽に「ファーウェイ成功の秘訣」を学べると思う。

ただし注意しておきたいのは、ファーウェイのマネジメントの法則を理解するには、その「道」を重点的に学び、当時の状況を理解する必要があるという点だ。というのも、企業ごとに置かれている業界のレースコース、規模、段階、ビジネスモデル、内部体制はすべて異なるし、抱えているチーム、資金力も違えば、リーダーの風格にも大きな差があるからだ。状況から離れて学ぶのは、意味のないことだ。

この点をよりわかりやすくするために、ここで一例を挙げたい。

ある農夫が、地主は大金持ちだと思った。地主は家で牛を飼っているからだ。そこで農夫は地主のところに行って、どうやって牛を飼うのかと尋ねた。地主は農夫の誠意に心を打たれ、自分が飼っている牛の品種、どんな牧草を与えているか、どんな音楽を聞かせたら消化を促進できるか、などを教えた。農夫はそれを聞いて、やってみる価値があると思い、喜び勇んで帰宅すると、家財道具一式を売り払い、地主から聞いた方法と同じようにやってみた。だがその結果、ほどなくして農夫は餓え死にしてしまった。それは、農夫の家の土地は痩せていて、収穫した穀物だけでは牛の飼育には足りなかったからだ。

　農夫は、地主の家が大金持ちであるという前提条件を忘れていた。地主は田畑をいくつも所有していて、土壌も肥沃、肥えた田地だったのだ。地味のよい田畑では、牛を飼うのに十分な穀物を獲得でき、余った穀物は市場に出してお金に換えることもできる。痩せた土地と肥沃な土地では牛を飼う論理がまったく違うのだ。


　企業のマネジメントも同じである。ファーウェイのマネジメントは、ファーウェイの経営場面から逸脱して考えてはならない。マネジメントと経営は切り離せないものであり、チャールズ・サンダース・パース[7]の論理でいえば、マネジメントは第二性（派生）で、経営は第一性（根源）である。マネジメントモデルが強気なのは、経営に役立たせるためである。

　このため本書が「道」の面で読者を揺さぶり、啓発し、振り返らせ、それぞれの企業の「家底《ジャーディー》」〔築き上げた財産〕と結びつけて改善できれば、私としては本望である。

　ファーウェイはチームの学習能力において最強の企業だ。業界では毎年、目を見張る結果があちこちで飛び交っている。ファーウェイは他の業界の優秀な実務経験を取り込み、自身の経営マネジメントを改良し続けている。これはファーウェイが7000億元（約14兆円）あまりの年間売上高を実現した際、年平均成長率をなお20％程度キープできる理由だ。このリードする企業を長年研究している者として、私は歩を緩めることなく、「3日学ばなければ、ファーウェイに追いつかない」[8]と考えて私のチームを激励してきた。

リードする企業にはリードする道が必ずある。我々は時代をリードする者に学ぶのだ。

鄧斌《ドンビン》　書享界創業者、CEO

元ファーウェイコンサルティング部・企画・コンサルティングディレクター

（2005～2016年在籍）

2019年6月、広州天河《こうしゅうてんが》にて

注

5　1974年、ロンドンで設立された世界最大のブランディング会社。

6　書享界信息技術有限公司傘下の企業読書会。

7　1839～1914年。アメリカの論理学者、数学者、哲学者で、プラグマティズムの創始者。

8　「三天不学習、趕不上劉少奇（3日学ばなければ、劉少奇に追いつかない）」のもじり。毛沢東の言葉で、教育の大切さを説いたもの。劉少奇は勉強家で知られた。

ファーウェイ　強さの秘密　目次

第2章　マネジメントの推進力

後編　経営の本質への回帰——顧客第一主義

第3章　現在の事業戦略

第4章　未来への事業戦略

【凡例】
・中国元の円換算＝1元約16円で計算した。
・米ドルの円換算＝該当時期によってそれぞれ計算した。
・人名・地名のルビは、日本字音読みはひらがなで、原音読みはカタカナで振った。
・訳注は〔　〕で示した。

◎装丁／竹内雄二
◎DTP／ダーツ
◎翻訳協力／インターブックス

前編

マネジメントの常識を守る

奮闘者が基礎

第1章

マネジメントが引き出す力

1　第一線が武器を要請する

第一線に「力」を与え、突撃をリードする

【任正非語録】

顧客サービスをよりよくするために、我々は砲声が聞こえる場所に「指揮所」を設け、予算計画を算定する権限、販売の決定権を第一線に与えています。つまり、砲声が聞こえる第一線の人たちに決断してもらっているのです。戦うかどうかは顧客が決めるもので、どう戦うかは前線が実行していくものです。前線が後方を指揮するのであって、後方が前線を指揮するのではありません。

出典：ファーウェイ・イギリス法人での任正非のスピーチ要約、2007年

ファーウェイでは、第一線のマーケティング部門が大口取引の獲得にあたってマンパワーが不足する際は、エキスパートによるプロジェクトサポートやリソースの提供などを要請する。これを「第一線が武器を要請する」と言う。

砲声が聞こえる部署が武器を要請するために、任正非はファーウェイの内部ワークフローと組織

設計に知恵を注いだが、これは業界で目を見張る成果をもたらすこととなった。ここに3つの例を挙げよう。

1つ目は**社内の呼称を変える**ことである。

任正非は深圳《しんせん》本社のことを「事務所」(中国語では「机关《ジーグァン》」)と呼び、「本社」(中国語では「总部《ゾンブー》」)と呼んではならないとしている。

成長を続ける企業は、業界からの風あたりが強くなることがあるが、そういう企業は最終的には大企業になる。ところが、大企業の本社にいる人は得てしてプライドの塊で、「決定権を持っているのは本社で、市場の第一線にいる人は本社の指示だけを聞いて外を駆けずり回るものだ」と思っている。このような考えが染みついてしまったら、第一線にいる人は意欲を持って業務にあたれるだろうか。そんな体質の大企業の本社が、サービス型の本社になれるわけがない。

任正非は次のように考えている。ファーウェイは資金がないので、すべての価値はお客様に創造してもらう。したがって、従業員がみな第一線でお客様に寄り添いたいと願えば、ファーウェイは持続可能で発展的な未来を持つことができる。そのため、第一線には十分な権限を与えなければならない。第二線は第一線の「事務所」として後方支援すればよく、第二線の従業員は高所から第一線の従業員にあれこれ口出しをしてはいけない。自分は本社の人間だと言う必要はないのだ。

これはバックエンドのプライドを心理的に傷つけるものである。

また、役職の形式化の度合い〔正式な役職としての重み〕という点にも、ファーウェイは知恵を絞った。役職の形式化の度合いというのは、「董事長《ドンシージャン》」〔日本の代表取締役会長に相当〕、「総経理《ゾンジンリ》」〔社長、マネジメント面でのトップに相当〕、「総裁《ゾンツァイ》」〔最高経営責任者に相当〕、「総監《ゾンジエン》」〔ディレクターに相当〕という役職は度合いが高く、「接口人《ジエコウレン》」〔窓口に相当〕、「主管《ジュウグアン》」〔主任に相当〕、「経理《ジンリ》」〔マネジャー職に相当〕、「負責人《フーザーレン》」〔責任者に相当〕、「専員《ジュアンユアン》」〔専門分野の責任者に相当〕などの役職は度合いが低いというものである。

多くの企業では第二線の役職のほうが形式化の度合いが高く、第一線の役職のほうが、度合いが低い。するとこんな現象を招くことになる。

第一線の優秀な営業マンである王《ワン》主任が第二線で行われる会議に戻った際、財務管理部の李《リー》総裁と鉢合わせた。すると王主任は思わず腰をかがめて、「李総裁、こんにちは」と挨拶する。役職として「王主任」は「李総裁」よりも低いからだ。また、王主任の内心ではこういう気持ちが働いているだろう。「第一線で走り回ってなんかいないで、なるべく早く第二線に戻って主任になろう」と。会社がこのような雰囲気をつくってしまうと、すべての従業員がバックエンドに行きたがり、第一線には優秀な人材が残らない。優秀な人材なしに、第一線はどうやって新しい業績を上げられるだろうか。

こういった問題が生じる根源には、組織設計が突撃をリードするものではなく、未来をリードするものでもなく、権力のあるところに人材が集まるものになっているということがある。

ファーウェイの役職設計はたいへんおもしろい。同等の職場では、第一線は第二線よりも半クラス～1クラス高いのが当たり前だ。第一線の役職の形式化の度合いは総じて高く、第二線の役職の度合いは総じて低い。業界では、ファーウェイには「総」のつく役職が多いという噂だ。第一線のエリア合同会議の責任者は「総責任者」、地区の責任者も「総責任者」、各国の法人代表も「総代表」と呼ばれ、顧客、製品のソリューション、サービス、チャネルといった代表的なものの責任者も「総責任者」である。つまりファーウェイは、第一線の役職の形式化の度合いを高めているのだ。

一方、第二線の役職はシンプルで、最も典型的な役職は「部長」だ。ファーウェイ深圳坂田《バンティエン》基地[1]もしくはファーウェイ東莞松山湖《ドンガンソンシャンフー》基地に行けば、ファーウェイのバックエンドの主任が「部長」と呼ばれているのを耳にするだろう。だが、見くびってはならない。彼はおそらく5000人ないし1万人以上の従業員をマネジメントしている人物だ。役職上「部長」と呼ばれているにすぎない。

こうした役職設計を導入してから、ファーウェイでは興味深い現象が見られた。毎年行われるファーウェイのマーケティング大会では、第一線の「総責任者」たちがファーウェイの基地に戻り、第二線の「部長」たちに会う——たとえば、西アフリカ地区の陳《チェン》総責任者が、在庫管理部門の趙《ジアオ》部長とばったり出会ったとする。すると趙部長は自ら腰をかがめて、「陳総《チェンゾン》、こんにちは」[2]と挨拶する。「陳総」の気分もよくなる。そしてこの会社の中で自分にも地位があると感じ、第一線に戻ってから従業員たちにこう言うだろう。「会社は我々のことをよく考えてくれている。我が社のほとんどの部門は俺たちが稼いだ金でやりくりしている。つまり、俺たちが養っているも同然だ。能力のある者は仕事が多いという言葉がある。もっと頑張ろうじゃないか」。

これこそが役職の形式化の度合いによる心理的な暗示なのだ。もちろん任正非も冗談で言っているわけではない。資金の分配では確実に第一線の従業員を重視し、彼らに損をさせることはない。こうして「できる人は仕事が多く、よく働く人は収入が多い」という状況がつくられるのである。

優秀な組織をつくるには、第一線を志願する最も優秀な人物を確保する仕組みを確立すべきであるということを学ぶことができる。

2つ目は、**ワークフロー変更の方向**である。

ファーウェイでは、ワークフローを変更する場合、必ず顧客が起点となり、第一線が中心となる。そして第一線から遡って整えていくという認識がある。ワークフローの変更は必ず、実務で成功経験のある第一線の幹部がメインとなり、エキスパートがサブとなり、メインのワークフローにフォーカスして業務の第一線から展開させ、ワークフローの流れを「押す」から「引く」に変更して、第一線に十分な権限を与える。

業界の多くの企業はワークフローを推進する際、「押す」ことを重視する。だが任正非は「押す」ことは、無用なものが紛れ込むと考えている。任正非はこう言う。

ファーウェイのマネジメントの目標は、ワークフロー化された組織を構築することである。「押すと引くを組み合わせ、引くほうをメインとする」ワークフロー化された組織とオペレーションシステムを構築するのだ。かつてのオペレーションは「押す」メカニズムだったが、今の我々に必要なのはそれを少しずつ「引く」メカニズムへと変えていくことだ。押しているときは、本社の権威が強大なエンジンとして推進され、無用のワークフロー、やる気のない職場がよく見えない。一方で引いているときは、どのロープに力がないかがわかるので、すぐにそれを切り、そのロープの先にある部門や従業員を削減し、すべて予備隊に回す。こうすれば組織の効率は大幅に上がるだろう。

これは真に迫る喩えだ。ワークフローマネジメントの本質とは、つまり人材と業務のマッチングの関係だ。同じ力でも、用いる方向が異なれば、結果も異なるのだ。

3つ目は**権限を与えること**である。

1911年にフレデリック・テイラー（1856～1915年。アメリカの技術者・経営学者）が「科学的管理法」を提唱してから100年もの間、マネジメントにどのようなものを取り入れるかが議論されてきた。工業化の時代には、人々は「マネジメント」という言葉にある意味を含めた。それは「管理および制御」であり、英語は「Control」である。当時の社会は発展のスピードが緩やかで、企業は一歩ずつ管理、制御していけば、思い通りの結果が得られた。

しかしデジタル化の時代になると、環境の変化が速すぎて、計画通りに一歩ずつ行ってすべてのワークフローを終えたところで、予想していた結果は得られない。なぜなら環境の変化は立てた計画よりも速く、段取りを踏んで計画を実行することは、旧態依然の考え方にほかならないからだ。これを解決するには、従業員が創造性のある問題解決力を持つことだ。

では、従業員はどうしたらこのような能力を持てるのだろうか。答えは、組織が彼らにこの力を与えればいい、だ。こうしてこの10年来、人々は「マネジメント」にもう1つの言葉——「力を与える」という言葉を含めた。英語は「Enable」である。私が「ファーウェイマネジメントの道」の講義をする際にいつも強調しているのは次の点だ。もし従業員自身でできるのなら、組織が与える必要はない。彼ができないからこそ、組織の力を借りる必要があるのだ。組織のサポートのもとで、彼は事を成すことができる。これこそが組織の価値、意義そして存在感の表明である。

「力を与える」例として、次のようなことがある。ファーウェイでは、職級13級の若手従業員に、職級21級の事務所の幹部を「呼び出す」権限を与えている。ファーウェイでは、大学院を修了して新卒で入社した場合、1年間の業務でミスがなければ13級に進める（12級およびそれ以下は「オペレーター」という）。これはファーウェイのナレッジワーカーのスタート時の職級だ。また21級とは、ファーウェイではかなり高い職級で、突出した貢献を続けている人物である。16〜18年ほどのキャリアがなければ、このクラスに辿り着くのは難しい。

ファーウェイでは、この13級の第一線のひよっこが、プロジェクトで必要があれば、見ず知らずの21級の事務所の幹部に、それも真夜中に電話をかけることもできる。しかも相手はその電話に出なければならない。

これこそがメカニズムの面において組織が「力を与える」ということなのだ。

優秀な会社には独特の企業文化がある。文化というものは社内用語に現れる。ファーウェイも例に漏れず社内用語がある。

かつて、ファーウェイの社内向け掲示板「心声社区《シンションシャチュー》（心の声コミュニティ）」の中で、社内で最も特色のある社内用語コンテストを行ったことがある。最終的に最多得票を得たのは「Welcome to join the conference（会議へようこそ）」という言葉だった。というのも、ファーウェイの従業員はグローバルに業務を展開しており、第一線とバックエンドは国際電話による会議によってのみコミュニケーションを取ることができるのだが、「Welcome to join the conference」は、その電話会議の始まりを知らせるアナウンスで、ファーウェイの従業員はこの言葉を耳にタコができるほど聞いている。

ファーウェイの第一線の電話会議は、たいてい事前通知の時間的な余裕がない。「０７５５－２８７８０８０８」あるいはこの類の番号から電話がかかると、会議の始まりを意味する。電話を受けると、会議システムはこの始まりのアナウンスを流す。それから自分の従業員番号を入力する。第一線会議に招集された者は、どの地区のプロジェクトが自分の部門のヘルプを必要としているか説明される。

ファーウェイの電話会議はたいへんおもしろい。初めはだいたい3名ぐらいで始まるが、2時間後、会議が終わる頃には、12名ぐらいがオンラインになっている。それは、たとえば第一線があなたの部門に助けを求めるとする。ところがあなたは一部のリソースしか提供できない、その他のリソースは他部門の協力が必要だ。そこで第一線会議の招集者は、あなたが必要とする部門の責任者も「オンラインにさせる（拉上線《ラーシャンシエン》）」（ファーウェイ内部で用いられる用語。電話会議システムを使って必要な人物を呼び出すこと）。そうやってリソースを確定させるのだ。

しかも、ここで終わりではない。もっと驚くのは、この電話会議がそろそろ終わりにさしかかったとき、第一線の13級のひよっこがこう言う。「諸先輩がたのサポートに感謝いたします。追って議事録をCCで各位にお送りしますので、みなさんは明日の朝、部門へ戻られたらリソースを確定してください」。ファーウェイには明文化されていない規則がある。それは、**議事録には法的効力があり、メールこそが命令である（Mail is order）**というものだ。同業他社の多くは、董事長のサインがなければ議事録を実行することは難しい。ところがファーウェイでは任正非はこのように言っている。

第一線に必要なリソースがどのくらいかなんて、私にもわかりません。砲声が聞こえる人に武器を要請させているだけ。彼が顧客に最も近いのだから、全員まず彼の話を聞くべきです。それから彼を信じること。事が終わってから検証し、弾薬を浪費していたと判明したら、後で貸しを清算すればよい。いずれにしても経験できればよいのです。

13級の若手従業員にこんな指揮権を与えるのは、当然ながら組織なのである。

以上3つの例から、ファーウェイの「第一線が武器を要請する」とはどのようなものかを理解してもらえたと思う。武器を要請しても、多くの問題が起こるだろう。たとえば、事務所がリソースを渡さないとか、有効な武器を重要なプロジェクトや重要な顧客に投下しないとか、声の大きいほうへ武器を回してしまうとか、あるいは戦いに勝利するには弾薬の投下が足りなかったといった問題である。

逆に、第一線はリソースの必要性を拡大解釈している可能性もある。エキスパートは5名もいればよいのに、8名も申請することもある。こうした問題はすべてコスト増か、大きな経済的損失をもたらす。それでも、この数年来のファーウェイは決定権を前線に移して、砲声が聞こえる人に武器を要請させている。これらの総括と検証を続けることで、ファーウェイがグローバルにスピード拡大していくのを支えていることは、参考に値するものがある。

注

1　基地は、ファーウェイ独特の呼称で、最高指揮者の所在地を意味する。任正非が軍隊出身ということからつけられた。英語であればヘッドクォーターにあたり、規模はかなり大きい。

2　中国では「○○総経理」など「総」のつく役職者に対して、名字の下に「総」をつけて呼ぶ習慣がある。

2 幹部に求められる4つの力

人を使うときに守るべき「3つの最適化」の原則
――先頭に立つ者を支援する

【任正非語録】

我々は幹部に対する総合的な評価を通じて、素質のある幹部はある特性を持っているという見解に至りました。素質のある幹部というのは次の3タイプに分けられます。

タイプ1…強い決断力があり、決断の手順が正確である。かつ決断した結果が非常によいもので、将来は各クラスのマネジメントチームの「トップ」になる。

タイプ2…確かな実行力がある。このような人物は事務職*になれる。

タイプ3…正しい理解力がある。このような人物は事務所の幹部になれる。

これら3つの能力のいずれも持ち合わせていない場合は、学ぶ努力をする必要があります。それでもだめなら、お帰りいただくしかありません。

*中国語では「副職（フージー）」。「正職（ジョンジー）」と呼ばれる管理職を補佐するポストのこと。

出典：黄衛偉、『奮闘者が基礎』北京、中信出版社、2014年

2019年5月5日、任正非は総裁名義で「マネジメントの新たな視野」と題した文章を全従業員にメールで発信し、内容について学ぶように伝えた。

文章のタイトルは「任正非が語るマネジメントとは――管理職（中国語では「正職」）に必要な5つの能力、事務職（管理職の補佐）に対する3つの要求、ファーウェイの後継者はこう選ぶ」というもので、内容は『ファーウェイ基本法』[1]起草者の1人で、ファーウェイの首席経営科学者でもある黄衛偉《ホアンウェイウェイ》教授がブラッシュアップしたものを「ファーウェイ幹部に求められる4つの力」と結合させて展開させたもので、たいへんわかりやすい。この文章で述べられている「管理職に必要な5つの能力、事務職に対する3つの要求」は、ファーウェイだけでなく、すべての企業のシニアマネジャーにも当てはまる。

世の中に完璧な人間などいない、人を使うには**「3つの最適化」**の原則を守るべきだと任正非は考えている。それは人材を最も適した職場に登用し、最も適したタイミングで、最も適した貢献と合理的なリターンを得るというものだ。ただし注意したいのは、管理職と事務職にはまるきり異なる能力モデルが存在する点だ。

ファーウェイのマーケティング部門には「メイン・サブのコンビ計画」という考えがある。それは管理職がメインで、事務職がサブというものだが、この2つのキーポジションの能力には大きな差がある。そのため任正非は、この2つのキーポジションに異なる能力を求めている。

ファーウェイが管理職に期待する能力と求めるものは次の通りである。

(1) 管理職は戦略的な洞察力と決断力により果敢に攻めなければならない。上品で礼儀正しくて〔「文質彬彬《ぶんしつひんぴん》」。『論語』雍也篇の一節〕、穏やかで素直、恭しくて慎ましくて控えめで〔「温良恭倹譲《おんりょうきょうけんじょう》」。『論語』学而篇の一節〕、事の軽重を考慮せず細かすぎる人物は、管理職には向かない。管理職の能力の鍵は、行動で示すことにある。

(2) 管理職は会社の戦略の方向性をしっかりと理解して、周到な業務計画を立案しなければならない。揺るぎない方向性と周到な計画は矛盾しない。

(3) 管理職は決意、意志、気迫を持ち、自己犠牲の精神に溢れていなければならない。

(4) 管理職はチームを率いるリーダーシップを持ち、新たな壁を越え続けなければならず、孤高の英雄であってはならない。

(5) 管理職を評価する際、戦利品で評価するとは限らない。重要な出来事の中で発揮されたリーダーシップに注目する。

一方、事務職に期待する能力と求めるものは次の通りである。

(1) 事務職は少なくともマネジメントに精通していること。だらしのない人物は事務職に向かない。

(2) 事務職は洗練されたマネジメントによって壁を乗り越えてからも、入念な配慮ができ、正確な実行力をもって組織の意図することを行う。
(3) 事務所の事務職は徐々に実務で成功経験のあるプロのマネジャーに担当させる。

これらをまとめると、管理職（トップ）に最も重要な能力と素質は**「決断力」**であり、事務職（2番手）に最も重要な能力と素質は**「実行力」**といえる。先にも述べたように、これは単にフロントエンドであるマーケティング部門が求めているものである。ファーウェイはさらに全体の作戦能力を強調するためにフロントエンドとバックエンドが揃って「作戦」を牽引していくことを求めている。このためバックエンドの事務所の幹部に対しても、鍵となる能力と素質を要求している。それは**「理解力」**である。

ファーウェイはなぜ、幹部に対して高い理解力を要求するのだろうか。
ファーウェイはグローバル企業であり、面と向かってコミュニケーションを取ることはほぼ不可能で、国際電話による会議だけで完結させている。「砲声が聞こえる人に武器を要請させる」ために、ファーウェイの「作戦指揮所」は第一線に設けられている。第一線では常に、バックエンドの事務所の部門に対して大至急の「武器」支援を要請している。ところが、第一線の要請が「爆撃機」であるのに、バックエンドが「大砲」と理解したり、第一線が「戦車隊」を要請しても、バックエンドが「自動車中隊」と理解したり、やっとのことで適切な「機関銃」が送られてきたのに、「弾薬」の型番が合わず、装てんできない……もしこのようなことが頻繁に起こったら、第一線はどれほどの従業員が「弾除け」になるかわからない。

そこで、ファーウェイは事務所の幹部に「作戦」の場面を必ず理解するよう求めている。深い理解力、ひいては次の「戦況」がどう展開するかを従業員がまだ意識しないうちに、事務所は予見性をもって十分な「弾薬量」を与え、第一線の「作戦」が影響を受けないようにしているのだ。

一度も泳いだことのない人が、他人に泳ぎの指導ができるだろうか。実務経験のない人間が、どうやって他人を指導できるだろうか。実践だけが真実を知り得るのだ。そのため任正非は、実務で成功経験のあるプロのマネジャーを外部から雇い入れて、事務所の幹部の2番手を担当させている。だが事務所の幹部のトップは必ず、海外の主要業務の第一線から戻ってきた者でなければならない。こうすることで、事務所の幹部はようやく第一線の「戦況」や求めているものを正確に理解できるのだ。

業務のトップに対して「決断力」を強調しているほかに、業務の2番手に対しては「実行力」を強調し、バックエンドの事務所の幹部に対しては「理解力」を強調しているが、ファーウェイはすべての幹部に対して**「人と繋がる力」**を持つよう要求している。

私がファーウェイに在籍していた頃、その意味を深く学んだのは**「電子流」**（ファーウェイの特色といえる言葉で、従業員の処理待ちワークフローに対する称呼）（ファーウェイの勤怠管理システムの名称）だ。もし当事者が主体的に推進しなければ、ほかの人はこの電子流のことをさほど重要だと思わず、優先順位を下げて処理するだろう。こうして長い時間がかかったワークフローは、すべてクローズドループ[2]のないものとなる。このような現象を断ち切るために、ファーウェイの特色ともいえる**「電子流を催促する」**という言葉ができた。

それは、ワークフローを立ち上げた者が「現在処理中」の案件の責任者に電話するかメールを送り、できるだけ早く処理するよう催促するというものだ。同様に、あるワークフローが「催促」を受けたら3日でクローズドループを行わなければならない。「催促」されないものは2週間か1か月でクローズドループがなくなる。これはファーウェイで生き延びたいなら、各自が人と繋がる力を持たなければならないということを意味している。

いわゆる能力とは、幹部が高いパフォーマンスを続けていくための鍵となる成功の要素である。以上4つの能力（決断力、理解力、実行力、人と繋がる力）はファーウェイの「幹部に求められる4つの力」に集約することができる。この4つの力は、ファーウェイが幹部のコアコンピタンスに期待し、求めるものであり、幹部が将来的に持続可能な成功を続けられるよう指導するものである。みなさんにこの4つの能力を理解してもらうために、ここで「幹部に求められる4つの力」を説明したい。

1. 決断力

・**戦略的思考を持つ**…市場、ビジネス、技術の法則を深く観察し、「主要な矛盾」と「矛盾の主要な側面」（8ページ参照）をよく把握している。

・**戦略リスクを担う**…リスク制御の可能な範囲内で、機会を窺って果敢に開拓し、決断および責任を負う勇気がある。

2. 実行力

・**目標の結果を導く**…強い目的意識、計画、ストラテジーがあり、監視制御でき、問題や障害に対して諦めることなく挑戦し続け、かつ自己マスタリーの人物であり、リソースおよび時間的な制約のもとで任務を立派に全うする。

・**組織を発展させる**…組織の運営、組織の能力を築いて改良を続け、ワークフローの構築（一貫性）、方法の構築（有効性）およびリソースの構築（マンパワー、プラットフォーム）を通じて持続可能性を築き、組織の構築力を高める。

・**チームを激励して発展させる**…チームを激励して気合いを入れ、他人の成長を助け、人材に対して情熱を注ぐ。

・**部門を越えて協力する**…部門を越えて協力し、調和を取り、推し進めていく。

3. 理解力

- **ビジネスに敏感である／技術への理解がある**…ビジネスに対して敏感で、業務の本質を理解していて、業務の技術を熟知している。
- **クロスカルチャーを融合させる**…文化を理解し、文化の違いを理解しかつ尊重し、積極的に異文化に融合し、違いを認めつつ共通の利益を模索し、異文化を背景に持つ人を仲間にする。
- **ラテラルシンキングを使う**…環境を理解し、水平方向に思考を広げるラテラルシンキングがある。

4. 人と繋がる力

- **オープンである**…対人コミュニケーションの面でオープンで、公明正大である。
- **顧客とのパートナーシップを構築する**…顧客と打ち解けることに長けていて、謙虚な態度を終始保ち、積極的に探究し、即座に反応し、顧客やパートナーのニーズを先導して満たし、信用に基づいたウィンウィンの関係を構築する。
- **協調性があり、道理をわきまえている**…物事を白黒で判断するのを避け、問題が発生した際は方向性と原則を通すことを前提として、全体像をつかみ、合理的に譲歩し、迂回しながらも前進することを模索する。

任正非は次のように言っている。

人材はファーウェイのコアコンピタンスではない。人材に対してマネジメントを行う能力こそ、ファーウェイのコアコンピタンスなのだ。二十数年来、私の最も重要な業務は人材の採用と登用、利益を分配することだった。人材を適切に登用し、幹部を適切にマネジメントし、利益をしっかり分配すれば、ほとんどのマネジメントの問題は解決できる。

ファーウェイでは、幹部の人事考課は「幹部に求められる4つの力」にある12の要素を参考にして、評定を重ねて行い、強、中、弱の3種類に分けている。また、成功した実務経験は幹部の能力の証であり、幹部の実務経験に対し評定を行う。評定に含まれる項目は、従業員のマネジメント、顧客との関係構築、職能／業務を越えた経験、海外業務の経験、損益の責任、重要任務の担当、外部環境の把握、業務の整合性、創造的な経験、パートナーシップの構築および維持、プロジェクトマネジメント、技術的な現場での業務経験などであり、各項目の評定はいずれも優秀、よい、普通、なしの4つである。

度重なる抜擢と淘汰を経て、ファーウェイは人材をグローバルに棚卸しし、グローバルに配置するという目標を実現し、層の厚い人材を擁してグローバル経営を巧みに支えている。

注

1　1995年から草案がつくられ、1998年に正式に発表されたファーウェイの基本理念、経営方針、組織政策、人的資源、コントロール政策、改正方法などをまとめた文書。1995年の時点では従業員は800名ほどだったが、1998年には従業員が8000名に増えていた。

2　顧客とともにPDCAを回していくマネジメントシステムのこと。ファーウェイではプロジェクトの初めから終わりまで、同じ担当者が責任をもって担当する。これはファーウェイが従業員に要求する「結果に対する責任」でもある。

3 「少将兼中隊長」

田忌賽馬《でんきさいば》＊――人材の活性化

＊相手と自分の力を把握して、勝つためのプランを立てること。出典は『史記』巻65『孫子呉起（そんしごき）列伝』。中国戦国時代の斉の軍人・思想家の孫臏（そんぴん）の故事から出た語。

【任正非語録】

テスト国（市場）の法人代表は高レベルの者であるべきで、地区の総裁より高いレベルでけっこうです。もともと「少将兼中隊長」と言っていましたが、なぜ「少将」が絶対に必要なのか。もし能力不足だった場合、ひとたび権限を与えたら、すぐに大きな問題が起こるはずです。「大将」を交代して代表にして成果を出せば「総参謀長」になる機会があります。「中将」をシステム部に派遣して、「少将」をプロジェクトマネジャーに派遣する。こうしてすべての「強力な兵士」たちで押さえ込み、パターンを改革していくことで、我々はグローバルに拡大することができたのです。

出典：「法人で結審する契約書」業務報告会での任正非のスピーチ。メールスピーチ［２０１７］１０６号、２０１７年８月29日

任正非は軍人出身のため、軍隊組織とオペレーションのメカニズムに重点を置いており、18万人もの従業員に対して軍隊式マネジメントを学ぶよう何度も呼びかけている。ファーウェイは、自身が台頭していく過程において、プロジェクト型の組織を構築することでチームに軍隊のような団結力と素早い作戦能力を持たせるようにした。また各チームの柔軟で機敏なオペレーションによって、会社のあらゆる業務の持続的な成長を推し進めた。

この点から見れば、ファーウェイの管理文書や社長名義のメールの中には、高い頻度で軍隊に関する専門用語が出てくるのも頷ける。ここ数年の任正非のスピーチには、「少将兼中隊長」という言葉が何度も登場するが、これはファーウェイが生き延びるためにあえて職級のバランスを壊し、意欲を刺激し、自らの大企業病を取り除くことを提起するものである。

任正非は「少将には2つのタイプがある。1つは少将が中隊長の役割を担うというもので、もう1つは中隊長が少将の肩書を持つというものだ」と言う。これにより、ファーウェイに「少将兼中隊長」が出現するのは次の2つに起因するものと判断できる。

まず「少将が中隊長の役割を担う」というものは、ファーウェイの高級幹部が末端組織に下りて主任になり、数名のチームを率いて敵陣を陥れ、先兵を務めることか、あるいは重装歩兵[1]となって、エキスパートとして第一線へ飛んでいき、協力しながら重大プロジェクトを指揮し、高いレベルで顧客との関係を構築し、ビジネスエコシステムの環境を整備し、会社のベテランとしての優位性を存分に発揮することである。

次に「中隊長が少将の肩書を持つ」というものは、第一線の従業員のクラスが上がったり、第一線の末端組織の主任が卓越したパフォーマンスによって破格の抜擢を受けたりすることで、職級、待遇などが高いレベルに上がることである。こうして、多くの優秀な人材の第一線で闘う意欲を引き出し、会社の最も優秀な人物が顧客に直接サービスを行い、結果的により大きな価値を創造できるのである。


ここで、ファーウェイの「少将兼中隊長」についてより明確に理解してもらうために、次の4点について論じようと思う。

第一に、ファーウェイのテスト市場における「少将兼中隊長」の意図である。

任正非は、幹部には山頂を攻め取る勇気を持つだけでなく、常に全体を把握し、戦略を持っていてほしいと考えている。それゆえ「少将兼中隊長」と言うのだ。

なぜ「少校」ではないかというと、みんなに注目してもらうための単なる形容で、誇張にすぎない。したがって本当の「少将」を指すものではない。このような言い方は実のところ、従業員のプロジェクトに対する価値と難易度、そして生み出される価値と貢献に基づいてチームを合理的に配置するというオペレーションの理念である。

従来、ピラミッド型組織の最底辺は、直接価値を創造する集団だが、そのクラスはたいてい最も低い。だが彼らはまさしく、企業が顧客の経営陣と相対し、複雑なプロジェクトに直面し、きわめて困難なものに直面した際にそれを打破する力点である。多くの企業で彼らに与えるエネルギーは明らかに不足している。

ファーウェイは「少将兼中隊長」を通じて、「田忌賽馬」（本項冒頭の注参照）のストラテジーを用い、小国の市場や地方市場によりよいサービスを提供している。ただし価格戦略は取らない。小国の市場は数十あるいは数百の基地しかなく、価格戦略を打つ意味がないからだ。ファーウェイは地道にサービスを改善し、機能を改善し、「少将兼中隊長」を派遣して同様の基地サービスを行うことで、競争相手に打ち勝ち、顧客に利益をもたらし、顧客が自然とファーウェイを選ぶようにしている。

第二に、「少将兼中隊長」もファーウェイの人材流動化パターンの1つである。

これは従業員の理性と分別を刺激し、従業員が市場や顧客のニーズに即座に反応するようになり、組織全体で顧客のために価値を創造する力を高めている。

ある戦略スポットにおいて、ファーウェイは膠着した体制を打ち壊し、柔軟にマネジャーを配置した。彼らは「参謀本部」のような存在だ。必要に応じて人員を派遣して、第一線の戦闘と決断を補佐するのだ。「参謀本部」の中には小隊長、中隊長、師団長、軍司令官、軍集団司令官、軍区指令官がいる。これらの「軍事顧問」が「大戦場」において「作戦」を行う。組織は柔軟に、かつ機動的な人員配置ができるのだ。

「少将兼中隊長」を「前線」から「参謀本部」に異動し、1年ほど一時的に業務をさせ、職級も給与も落とさない。だが1年後には「少将兼中隊長」を再び「前線」に戻す。「前線」に戻す準備ができていなければ、再び格付けしてから専門スタッフのポストに移す。その人が「前線」で「少将兼中隊長」だった場合、事務所に戻れば「中尉」だ。このようにして、第一線の従業員の能力を凝固させるのではなく、開放的で、循環するプロセスの中で成長させるのである。

第三に、業界内の多くの企業がファーウェイに学んでいる。

なかでも物流メーカーの徳邦快逓《ダアーポンクァイディ》（徳邦物流股份有限公司、デポン・ロジスティクス・エクスプレス）は3000万元（約4億8000万円）を投じてファーウェイで研修を行った。

董事長の崔維星《ツイウェイシン》は2019年5月に自社の検討と分析を行った際、次のように発言した。「当社は3000万元を投じてファーウェイで研修を行いました。主に実践的な訓練――どのように顧客を開拓するか、どのように顧客を分析するか、部門ごとにどんな問題があるか、顧客を開拓する前に何をすべきか、についてです」。そしてこう総括した。ファーウェイは従業員の能力を重視し、その効果ともたらす利益に注目している、と。

崔維星は本質を突いているといえる。ファーウェイが「少将」の能力を持つ人物に「中隊長」をさせる理由には前提がある。それは、「戦場」には必ず利益があるということだ。このような「意外性のある人事」に対して、ファーウェイは、利益があり、ハイクラスのエキスパートや幹部を養える代表所から改革を始める。「優れたリソースは優良顧客に流れる」のだ。優良顧客からより多く儲けることで、優れた軍隊のクラスがさらに上がる。そうでなければ資金はどこからくるのだろうか。この点は明白である。

第四に、「少将兼中隊長」の実践は、専門技術分野の軍隊を率いる人物の待遇を上げるためである。エキスパートは、会社が不確定なものに対処する鍵となる力である。とりわけファーウェイが業界を牽引する立場になってから、新たな業務への対応がますます増えており、エキスパートの価値もさらに高まっている。技術の飛躍的な進歩に伴い、人事調整のマネジャーを削減する代わりにエキスパートを増員している。

ファーウェイはエキスパートに権限を委譲している。職級と待遇はその貢献度とマッチングさせて、専門性を高めることを促進している。エキスパートの職級を業務主任より高くすることもできる。両者の関係は軍隊でいう「将校」と「士官」のようなもので、エキスパートには「兵士のトップ」になってもらう。任正非はこう言っている。

専門技術のあるリーダーを重視すべきです。リーダーには「少将」の階級が必要です。突出した貢献をした基板の首席エキスパート、ソフトウェアの首席プログラマーは23級まで昇格できるでしょうか。一気に23級まで飛ぶには無理がありますが、まず20級までは昇格できます。数百人の基板のエキスパートがいれば、数百人の「少将」を擁することになります。リーダーの職級の向上には「少将兼中隊長」が必要です。彼らはより多くの人に影響を与えられるからです。こうしてたくさんの「少将兼中隊長」ができるのです。

首席エキスパートは任期制で、任期は3年間。期間満了の際には再審査があり、昇格も降格もします。優れたエキスパートにはもっと成長してもらい、エキスパート部隊を活性化してもらいます。経験のあるエキスパートは指導者になることもできます。指導者には見合った地位、権限と責任を与えて、新入社員、新人主官（前線で働く人材のこと）、新人エキスパートを指導してもらい、経験を伝えて部下を育成してもらいます。

これら4つの面から「少将兼中隊長」は多面的な概念だとわかる。

しかし、テスト市場での「少将兼中隊長」というのは「言うは易く行うは難し」である。上級の組織が彼らに対して権限を与え、信用し、権力とその責任が対等であることに関係し、人事考課の評価にも関係するからだ。優秀な「中隊長」の貢献ぶりをしっかりと見極めてから、彼らにそれなりの待遇を与えなければならない。

いかにして「少将兼中隊長」を大量に輩出させるかは、具体的な方策の調整、最適化に関わり、ファーウェイの幹部の選抜、人事考課、給与といった制度でサポートできるか否かが試されるのだ。

ファーウェイには職位や給与を上げ下げできる理由、優秀な歴史と伝統に事欠かないが、現実には部門が膠着し、硬化ひいては閉鎖的な傾向にある。それは、とりわけ平穏に発展してきた市場、地域あるいは業務分野において如実に現れている。職級による給与の枠組みが厳密に限定されていると、たとえ「中核」で「英雄的」な人物であっても、枠組みの中では1クラス昇格するのさえ何年も待たなければならない。一般従業員は言うまでもないだろう。

一例を挙げよう。任正非がファーウェイ内部で何度もファーウェイ董事会の役員たちに話している「破格の指名権」についてである。それは「CEOに順番に毎年50の破格の指名権を与える」、「エリア合同会議主席の指名数は制限しない」というものだ。だが実際は、破格指名枠の使用はたいへん少ない。というのも、関係するCEOは、破格指名者に対して抜擢後の成長について責任を負う必要があるためで、これは「少将兼中隊長」の出現が容易ではないことを反映している。

注

1　原文は「重装旅（チョンジュアンリュー）」。重要な案件を担当するために事前に訓練を受けた従業員のこと。

4　将軍はたたき上げであれ

猛将は一兵卒から生まれ、宰相は地方から起こる*

*出典は『韓非子（かんぴし）』顕学（けんがく）篇の「宰相は必ず州郡から起ち、猛将は必ず卒伍（そつご）から発す」から。ビジネスの世界においては「現場を知る者を高い職位に就かせる」という意味。『韓非子』は春秋戦国時代の思想をまとめた書物。著者は中国戦国時代の思想家である韓非（かんぴ）。「韓非子」とも呼ばれる。

【任正非語録】

我々は前進拠点に上陸する勇気のある戦士たちを多く育てなければなりません。このような戦士たちは組織と幹部体制を活性化し続けてくれるからです。前進拠点にいる軍隊が縦深《じゅうしん》*のある発展という任務を負えなかったとしても、幹部が成長すれば、より深く発展させる戦略家になれるでしょう。勝とうとする勇気があれば、よい勝利ができるのです。「猛将は一兵卒から生まれ、宰相は地方から起こる」。各クラスの部門は、成功を実践した者の中から幹部を選抜するのがベストです。末端組織での実務経験のない幹部は、実践での成功経験を補う必要があります。そうでなければ、重要な任務を担うのは難しいのです。

*軍事用語。最前線から後方に至るまでの縦の線のこと。

出典：「青春の火花を悔いのない人生に燃やせ」無線製品ライン決起大会での任正非のスピーチ要約、メールNo.［２００８］07号、２００８年5月31日

「猛将は一兵卒から生まれ、宰相は地方から起こる」ということわざは、戦国時代の著名な思想家で、法家の代表的な人物である韓非子の『韓非子』顕学篇の一節であり、韓非子の役人選びについての名言だ。国家の文官や武将、とりわけハイレベルの官僚と将校を選ぶ際、韓非子は末端組織での業務経験者の中から選抜すべきだと強調している。そうでないと、官僚と将校が実際の政務、実戦に際して机上の空論を振りかざす恐れがあり、国家の大事を誤り、社会の安全に影響するからだ。任正非はこれまでずっと「将軍はたたき上げであれ」という主張を堅持しており、このことわざをファーウェイ幹部の選抜と配置の際の基本的な指導原則としている。

中国企業のナレッジワーカーのマネジメントを研究するなら、ファーウェイはとてもよい手本になるだろう。この手本は規模として十分に大きく、18万8000人である。その多くは985工程、211工程[1]の大学を卒業した優秀な学生だ。彼らはファーウェイに入社後、在学中に取得した成績や、修士や博士といった高い学歴も手放し、末端組織からスタートする。任正非は数年のうちに、こういった上品で礼儀正しい「秀才」の軍団を思い通りの「戦士」に改造する。これはファーウェイ文化の巨大な威力である。

ファーウェイに入社できる人間は全体的な「基礎力」が非常に高い。だが、人には実践が必要で、口で言うのと実際にできることは別物である。そのためファーウェイでは幹部を選抜する際、重要な出来事（クリティカル・インシデント）を非常に重視する。典型的な場面や重要な出来事の中から幹部となり得るかどうかを観察するもので、幹部が難題に遭遇した際に速やかに選択し、突撃をリードすると、有利に働く。

２０１５年10月23日、ファーウェイプロジェクト・マネジメント論壇で、任正非はスピーチ「将軍はたたき上げであれ」において、「猛将は一兵卒から生まれ、宰相は地方から起こる」と再度強調していた。だが今回、任正非が参照したのは中国古代の役人体系ではなく、米軍のやり方であった。任正非は次のように言っている。

幹部の選抜には年齢やキャリアの基準はありません。結果に責任を持って貢献できることが人事考課の基準です。金一南《ジンイーナン》将軍（中国の軍事問題、戦略のエキスパート）は米軍について述べていますが、陸軍士官学校（通称「ウエストポイント」）が採用したのは高校生のうち上位10名、アメリカのアナポリスにある海軍兵学校が採用したのは高校生のうち上位５名でした……そのためアメリカの将校はみなアメリカで最も優秀な青年たちです。米軍の人事考課はシンプルで、学歴を見ないし、能力についての人事考課もありません。「戦場に出たことがあるか、銃を使ったことがあるか、傷を負ったことがあるか」だけです。だから米軍の作戦能力はたいへん高いのです。彼らはまず作戦を学んでから国家の管理を学びます。将来的には我々も米軍の人事考課法を参考にするべきです。

ファーウェイが実践する「猛将は一兵卒から生まれ、宰相は地方から起こる」を分析してみると、少なくとも次の４項目が含まれていることがわかる。

1. 実践で成功したチームの中から優先的に幹部を選抜する

ファーウェイには伝説の製品——Ｃ＆Ｃ０８交換機がある。これはファーウェイが独自に開発した初めてのプログラム制御デジタル交換機である。Ｃ＆Ｃ０８交換機は、ファーウェイの主力製品として世界の１００あまりの国と地域で販売され、１億人以上のユーザーにサービスを提供することになった。ファーウェイは大きなビジネス価値を創造し、中国製の通信設備としても幅広い名声を得た。

それだけではない。Ｃ＆Ｃ０８交換機の成功は単なる製品の成功というだけにとどまらない。重要なのは、製品のプラットフォームを提供したということである。伝送、無線、デジタル通信等、後のファーウェイの鍵となる製品はほぼすべて、このプラットフォームのアーキテクチャの発展形で、そこにＣ＆Ｃ０８交換機の影を見ることができるだろう。

このような伝説の製品というのは、裏方のプロジェクトチームがきわめて優れているものだ。Ｃ＆Ｃ０８のプロジェクトチームは後に、マネジャーの「黄埔軍官学校《こうほぐんかんがっこう》」〔１９２４年に孫文が広州に設立した中華民国陸軍の士官養成学校のこと〕と呼ばれた。

多くのマネジメント人材と技術のエキスパートたちがこのプロジェクトチームから誕生し、ファーウェイの核心、中核となり、後にハイレベルの管理職、高級副総裁、ひいてはEMTのメンバーとなった（ファーウェイのコーポレートガバナンスのガイドラインによれば、EMTはファーウェイの日常の経営活動における最高責任機構であり、董事会の委任を受けてファーウェイの日常の管理職能を行っている。EMTのメンバーは少人数で、ファーウェイの中核、ハイレベルに属し、一般的にファーウェイで10年以上業務にあたっている元老たちである。メンバーはさまざまな部門で苦労を重ね、会社の運営ワークフローを熟知しており、その重みも一番である）。これは、ファーウェイの人選の原則の1つ目「実践で成功したチームの中から優先的に幹部を選抜する」を体現するものである。

2. 主力の戦場、第一線および苦労した地区から優先的に幹部を選抜する

幹部に選抜されるにあたって、主力の戦場で戦うのはたいへん重要な経歴だ。ファーウェイの「ブレークスルー型プロジェクト」と「市場構造型プロジェクト」〔いずれも重要なプロジェクトで、これらの成否によって会社全体の利益や立場、今後の戦略までにも影響が出る〕は、幹部を大量に輩出するところだ。競合と悪戦苦闘を繰り広げたプロジェクトチーム全体を抜擢して昇給し、職級を上げるのは、ファーウェイではよくある。「勝てば杯を挙げて祝い合い、負ければ死にもの狂いで助け合う」という、チームが一丸となる精神をつくり上げている。

売上高としてはさほど大きな実績が出せなかったが、戦略的に重要な顧客における競争相手のシェアを減らすことに成功したプロジェクトチームに対しても、ファーウェイは即座に全力で奨励す

る。彼らの自己犠牲によって相手を押さえ込んだことで、主力部隊がより迅速に戦略的高地を占領できたからである。これはファーウェイの人選の原則の2つ目「主力の戦場、第一線および苦労した地区から優先的に幹部を選抜する」を体現している。「ブレークスルー型プロジェクト」と「市場構造型プロジェクト」の中から未来の人材を選抜するのである。

3. 会社の長期的な発展に影響を与えた重要な出来事から、優先的に幹部を選抜する

組織が生き残りたい、発展したいと願うなら、今だけではなく未来にも着目する必要がある。ファーウェイはエンドツーエンドのワークフローの構築とマネジメントの改善を常に展開しており、将来的な経営パフォーマンスが向上するようなメカニズムを構築している。これこそ業界でも有名なファーウェイの一連の変革プロジェクトである。

任正非は第一線で戦い、競争で勝ち得た人たちを会社のさまざまな変革プロジェクトチームに選抜し、世界で最高の実務経験を持つ外国人顧問と何度も意見を戦わせることで、未来のファーウェイの競争方法をアウトプットさせる。

変革プロジェクトチームに参加したメンバーはプロジェクト終了後、元の部門に戻ろうが新たな職場に配置されようが、基本的に昇格させる。これはファーウェイの人選の原則の3つ目「会社の長期的な発展に影響を与えた重要な出来事から、優先的に幹部を選抜する」を体現している。

多くの企業が変革プロジェクトに難儀するのは、変革プロジェクトチームに参加したメンバーが

最も優秀な人物とは限らないからである。最も優秀な人物が参加したがらないのは、変革プロジェクト終了後、彼らがかつて所属していた部門にはすでに「ポスト」がなくなっているからだ。これこそ、他社とファーウェイの根本的な差異である。変革の成功とは、そもそも確率の低いものであり、最も優秀な人物を配置してリーダーシップを取らせなければ、その失敗の確率は推して知るべし、である。

4. 競争の文化であり、馬を見分ける文化に非ず

人というのはたいへん複雑である。一見してポテンシャルや能力が高そうでも、打たれ強いとは限らない。能力のある人はたいてい、心が繊細で、度重なる苦難に耐えられない。ファーウェイでは「先有為《シエンヨウウェイ》、再有位《ザイヨウウェイ》（先ず才能有りき、地位はそれから）」を提唱している。

ファーウェイ内部には、まだ任命されていないうちに、部門の業務を取り仕切る幹部が大勢いる。ファーウェイの幹部は掲示板で業務を任命されるが、よくこんな辞令を見かける。「〇〇〇、西アフリカ地区・ターミナル事業部部長（まだ任命せず）、ラテンアメリカ地区・法人業務部部長に仮任命」。これはファーウェイの人選の原則の4つ目「競争の文化であり、馬を見分ける文化に非ず」を体現している。成功すればみんなを納得させられるし、そうでなければ素質がどんなにあってもリスペクトされるのは難しい。

以上をまとめると、2000年あまり前の韓非子のことわざ——「猛将は一兵卒から生まれ、

宰相は地方から起こる」は、任正非が運用することによってその価値を高めたのである。マネジメントの法則は「新規性」ではなく、マネジャーがそれを「実」のあるものにできるかにある。この面において、任正非は企業家たちにたいへんよい手本を示している。

注

1 「211工程」は1995年に定められた、21世紀に向けて100の大学に投資するという政策で、112校が選ばれている。「985工程」は1998年5月に中国教育部が定めたプロジェクト。大学のレベルを世界基準に引き上げるために限られた大学に重点的に投資するもので、「211工程」の中の北京大学や清華大学など39校が選ばれている。これらの大学はすべて中国のトップレベルの超難関大学にあたる。

5 10人の異才

データに基づいた決断と科学的なマネジメントを尊重する

【任正非語録】

以前の我々はIPD*を行うのに手探り状態でした。本日、「10人の異才賞」を受賞した人も、当時はここまで深く認識していなかったでしょう。ですから、我々は顧問に感謝し、歴史的な貢献をしてくれたみなさんに感謝しなければなりません。受賞したみなさんのほかに、受賞こそされませんでしたが、人知れず貢献をしている方もいます。我々はそういう方々の貢献についても考えなければなりません。貢献の大きさはともあれ、会社の未来の成果を分かち合いたいと願っています。

出典：「IPDの本質はチャンスからビジネスを実現すること」ファーウェイのIPD構築における10人の異才およびXDT*受賞式での任正非のスピーチ。メールによるスピーチ［2016］084号、2016年8月13日

*インテグレーテッド・プロジェクト・デリバリー（統合製品開発）の略。IBMが全世界で採用している製品開発のマネジメントプロセス。

*研究開発チームの総称。DTは開発チームの略称。TDTは技術開発チーム、PDTは製品開発チーム、STDTはスーパー技術開発チーム（下部にTDTが多数存在）、SPDTはスーパー製品開発チーム（下部に

PDTが多数存在）という具合になっている。ファーウェイはこれらの製品・技術開発チームに統一してXという名をつけている。

ファーウェイの「10人の異才賞」は、ファーウェイのマネジメント体系を構築する上で最高の栄誉である。

2013年11月、ファーウェイの董事会常務委員会が、ある決議を行った。それは、ファーウェイのマネジメント体系の構築に突出した貢献をし、大きな価値を創出した優秀なマネジメント人材を選び、「10人の異才」として表彰するというものだ。

2014年6月16日、ファーウェイは第1回「10人の異才」表彰式を開催した。受賞者にはファーウェイ在職従業員、離職した元従業員、定年退職した者、コンサルティング会社の顧問らがいた。『ファーウェイ基本法』の起草者の1人で、ファーウェイ首席経営科学者である黄衛偉教授も第1回「10人の異才賞」の受賞者の1人である。特筆すべきは、表彰の対象者には離職した元従業員、定年退職した者も入っている点だ。これはファーウェイ在職従業員たちのやる気を奮い立たせるものだ。これには任正非の「同じ塹壕で過ごした戦友に対して、その功労を忘れてはならない」という考えがある。

では、歴史上、最も早く「10人の天才」と呼ばれたのは誰だろうか。

「10人の天才」とは、第二次世界大戦中、米陸軍航空隊の統計管理局に在籍していた10人の精鋭たちを指す。彼らはデータ分析による判断を最も得意とし、「数字」はすべてに勝るという理念を世に広めた。

アメリカが第二次世界大戦に参戦したばかりの頃、米陸軍航空隊は敵軍を爆撃する際、大規模な爆弾の投下ミスを頻繁に起こしていた。そこで米陸軍航空隊はハーバード大学から統計学を学ぶ秀才たちを招いて入隊させた。彼らは軍のために統計学、数学等の理論や知識を運用して弾薬、飛行機、乗組員、油量等の計算を行った。戦闘が始まる前、この統計のエキスパートたちが統計学の観点からこの戦闘には勝てないと推論を下したら、米軍は爆撃を行わないことにした。

なかでも有名な一例を紹介しよう。第二次世界大戦末期、米軍はＢ－17およびＢ－24爆撃機を太平洋の戦場へ送り、日本軍に大規模な爆撃を行おうとした。だが彼ら統計のエキスパートたちのデータ分析によって得られた報告は、Ｂ－17およびＢ－24爆撃機が協調作戦によって２８００万トンの爆弾を投下するにはおよそ９万時間を必要とするが、Ｂ－29爆撃機を使用する場合は１・５万時間であり、年間で２・５億ガロン（約10億リットル）のガソリンを節約でき、乗組員の死傷率を70％減少できるというものであった。最終的に、米軍の高官はこの提案を受け入れた。

これらの統計学のエキスパートは、これまで戦場に出たことこそなかったが、自分たちの得意分野である統計学により米軍の戦法に対してデータ化改革を行い、米軍の爆撃命中率を大幅に向上させ、飛行機の事故率を低減し、さらに米軍の高官に意思決定のための貴重なデータを大量に提供し、数十億ドルの資金節約に貢献しただけでなく、米軍の勝利をアシストすることとなった。

第二次世界大戦終結後、10人の精鋭たちは除隊し、全員がフォード・モーターのマネジャーに採用された。フォードはかつてアメリカ最大の自動車メーカーであったが、第二次世界大戦後にはGM（ゼネラルモーターズ）にその地位を引きずり降ろされていた。アメリカの自動車市場におけるフォードのシェアは、第一次世界大戦後は60％であったが、第二次世界大戦時には20％まで下降していて、経営陣のプレッシャーは強くなっていた。甚だしい損失は、フォードが1927年から1940年まで蓄積してきた利益のすべてをほぼ飲み込もうとしていた。その経営上の敗北の根源には、内部メカニズムの遅れがある。具体的には次の2点が挙げられる。

第一に、フォードには1つの権威しかなかった点である。つまりフォード・モーターの創業者であるヘンリー・フォード（1863～1947年）その人であり、外部の人々は彼を「フォード1世」と呼んでいた。当時、社内における彼の命令が至上のものであったことは、疑いのない事実である。フォード1世は、彼がT型フォードを開発した際の直感と経験に基づいてフォードをマネジメントしていたが、結果として市場競争での敗北を喫し、後にGMに椅子を明け渡す事態となった。

第二に、フォードの組織と人員体制を正しく構築できなかった点である。大量の才能ある主任たちはフォード1世の随行者、助手と化し、自分の意見を持たなかった。というのもだいたい3年おきに、フォード1世は彼らの職位を変えるか、降格したのだ。彼らが徒党を組んだり、小さな派閥をつくったりすることを避けようとしたのである。社内はみな震え上がり、大きな仕事をしたいと思う人たちは次々にフォードを去っていった。フォードの人材流出ぶりは激しく、第二次世界大戦の終結直後はそれが特に顕著であった。

１９４３年、フォード1世の息子で、フォード・モーターの社長であったエドセル・フォード（１８９３〜１９４３年）がガンで亡くなると、エドセルの息子のヘンリー・フォード2世が部隊から戻って祖父の会社を継ぐことになった。彼の当面の急務は、フォードが苦境から脱する手助けをしてくれる優秀なマネジメント人材を探し出すことであった。

１９４５年、第二次世界大戦が終わると、弱冠32歳のチャールズ・B・ソーントン空軍大佐がフォード2世を説得し、9名の精鋭たちを率いてフォードに入社した。さし迫った情勢下で、この10名の精鋭たちはフォードでデータの分析、市場の誘導、効率の向上を特徴とする全方位型のマネジメント変革を巻き起こした。この変革によってフォードはフォード1世の「経験則によるマネジメント」の呪縛から解き放たれ、従来の製造方式を変え、数字による決断を重視するようになった。そうして低迷、不振の状態から巻き返しを図り、赤字から黒字転換し、往時の輝きを取り戻したのである。

古代のスペイン人は、貴族の身体には青い血が流れていると考えた。後に西洋では、「青い血」という言葉は精鋭や俊才を表すようになったという。フォードでの傑出した貢献によって、彼らは「10人の天才」と呼ばれるようになったのである。フォードが再び軌道に乗るようになってから、「10人の天才」は相次いでフォードを去ったが、彼らはなおもデータ分析を用いて市場をリードし続け、それぞれの分野で卓越した貢献を果たした。彼らの中からアメリカ国防長官、世界銀行総裁（ロバート・マクナマラ）、フォード総裁（J・エドワード・ランディ）、ハーバード・ビジネス・スクールの学長等を輩出したが、より重要なのは、彼らは傑出した企業家たちを育てたということである。

ファーウェイの「10人の異才賞」の受賞者で、ファーウェイ首席経営科学者の黄衛偉教授は、かつてファーウェイの内部会議で「10人の天才」の1人、ロバート・マクナマラの話をしたことがある。マクナマラはフォード・モーターの社長を務めたが、後に当時のアメリカ大統領のジョンソンにアメリカ国防長官に任命された。マクナマラが着任する前、アメリカ国防省の予算編制と審査は海軍、空軍といった部門によって行われていた。各部門は故意に予算を増大させていったが、情報が不確実で、予算審査官は誰の予算を削減すべきかわからず、すべてを削るほかなかった。

そこでマクナマラはフォードの予算方法、すなわちPPB（Plan＝計画、Program＝プログラム、Budget＝予算のこと。まず目標と戦略計画を明確にし、目標を達成するプロジェクトをクリアにし、最後にプロジェクトにいくら必要なのかを理解する）を国防省に取り入れ、予算論理を徹底的に調整した。これこそデータの価値である。

「10人の天才」たちはアメリカの歴史上、驚くべき経済成長を推進し、アメリカが世界の工業大国にのし上がるのをサポートし、世界中の現代企業の科学的マネジメントの先駆けとなった。後にアメリカの『ビジネスウィーク』誌のシニアライターであるジョン・A・バーンが彼らの事蹟をまとめ、そのエピソードをマネジメントの教科書として記した。著作『10人の天才』（原題：The Whiz Kids: Ten Founding Fathers of American Business--and The Legacy They Left Us）は2014年に中国語版も出版されている。

「10人の天才」の名は、チャールズ・B・ソーントン、ロバート・マクナマラ、フランシス・レイス、ジョージ・ムーア、J・エドワード・ランディ、ベン・ミルズ、アージェイ・ミラー〔フォードの社長、副会長を歴任し、スタンフォード・ビジネススクール学長に就任〕、ジェームズ・ライト、チャールズ・ボスワースとセオドア・ウィルバー・アンダーソンである。

1911年にフレデリック・テイラーが「科学的管理法」を提唱してから100年あまりが経っているが、中国の一部の企業はなお科学的なマネジメントに欠けている。これらの企業のリーダーはマネジメントにおいて、習慣的に直感や経験に頼り、データによる決断を重視しておらず、成功しても持続できていない。

「10人の天才」が現代の企業マネジメントにいかに貢献しているかというと、少なくとも次の3点が挙げられるだろう。

・データと事実に基づいた理性的で科学的なマネジメントであること。計算ができなければマネジメントはできない。本質からいうと、これは客観的で、事実に基づいた意思決定の方法である。

・計画、ワークフローおよび利益中心を基礎とする規範的なマネジメント体系を構築したこと。

・顧客主体の製品ストラテジーを構築し、技術主体の製品ストラテジーではないこと。

企業のマネジメント体系を構築するのは、非常に大きなプロジェクトである。ファーウェイは20年あまり、西側企業から企業マネジメントを学びながら、自社のマネジメントを変革し続けてきた。現在はワークフローに基づき、顧客第一主義で、生き残りをベースラインとするマネジメント体系を構築し終えている。

だが、ワークフローのエンドツーエンドの形成はまだ不足しており、データの価値に対する認知はなお浅い。任正非は「10人の天才」に学ぶことを提案し、ファーウェイの従業員には科学的なマネジメントと批判的な思考や精神を学んでほしいと考えている。「10人の天才」に学ぶことで少しずつ、現代の企業マネジメント制度の職業精神を構築し、データを尊重し、調査による理性的な分析を重んじるという彼らの業務方法を学ぶのである。

例を挙げよう。ファーウェイは業界でも率先して「首席経営科学者」の職位を設けている会社である。マネジメントというのは尺度を把握する芸術というだけでなく、科学でもある。科学である以上、ルールを確定して結果の不確定さに対処するのでも、プロセスを確定して予期した結果を繰り返し得てもよい。ファーウェイの従業員18万8000人のうち、9万人は研究開発に携わる人員である。科学的なマネジメントなしにこの9万人を指揮して製品を開発していたら、ファーウェイはとっくに潰れていただろう。

ファーウェイで科学的なマネジメントが高く評価されている理由はほかにもある。ファーウェイには互聯網精神《フーリエンワン》〔インターネットの初期デザインのように対等で、開放的で、許容力があり、共有できるなどの精神〕がないと言う人がいるが、任正非はインターネットというのは主に情報を伝える速度と範囲の広さという問題を解決するもので、事物の本質を変えるものではないと考えている。

「現在をインターネットの時代だと考えてはならない。過去の工業管理の科学はもはや時代遅れで、科学的マネジメントはイノベーションと対立するとも考えてはいけない。何かというと革新的であることを強調するのは、さらによくない。実直に西側（企業）から学んで、これをマネジメントに根づかせるのだ」と任正非は言う。

いろいろと考えた末に、「10人の天才」の精神は実のところ、ファーウェイの互聯網精神と通じ合うものがあるということに気づいた。数字を追求し事実を計算することによって科学的マネジメントを提唱し、インターネット技術を運用することで企業内部のオペレーションコストをさらに低減させ、顧客によりよいサービスを提供し、よりよく生き延びるのである。ファーウェイは互聯網精神の真髄をよく把握しているといえる。

6 ダンコの心臓

リーダーの度量とは――利他的な行動

【任正非語録】

今の我々はすでに通信業界の最前線を歩いているところですが、次はどうやって進むかを決めるのは、実のところ非常に難しいものがあります。まさに茫々とした草原を、北斗七星の先導もなく１人でどうやって歩こう、という状態です。この20年間、我々は非常に大きな得をしていました。それは、誰かが道案内をしてくれていたということです。アルカテル・ルーセント、エリクソン、ノキア、シスコシステムズ等はみな我々の案内人です。ですが今、案内人はいなくなりました。我々は自分自身を頼りに道案内をしていくしかありません。

では、道案内とはどんな概念でしょうか。それは「ダンコ」です。ダンコとは物語に登場する人物です。彼は自分の心臓を取り出して火で燃やし、後人のために前に進む道を照らしました。我々もダンコのように通信分野が前進していく道をリードしなければいけません。これは１つの探究の過程であります。未来の道は不明瞭ゆえに、大きな代償を払うかもしれません。ですが我々は必ず方向性を見いだし、この世界を照らす道を見つけることができるでしょう。ここでいう道とは「顧客第一主義」のことであり、「技術が中心」ということではありません。

出典：「顧客第一主義、プラットフォーム投入を強化し、提携を開放し、ウィンウィンを実現しよう」、２０１０年ＰＳＳＴ＊部門幹部大会での任正非のスピーチ、メールＮｏ［２０１０］10号、２０１０年

＊技術製品研究開発部門のこと。２０１１年に改組され現在は存在しない。

『イゼルギリ婆さん』はソビエト（ロシア）無産階級の作家マクシム・ゴーリキー（１８６８～１９３６年）の短編小説である。この中に「ダンコ」の物語が登場するが、大筋は次のようなものである。

草原で生活する人々がほかの種族に追われて暗闇の森の中に逃げ込んだ。森の中で、死と隣り合わせになった彼らは森から逃げ出すしか生きる望みがなかった。このとき、英雄ダンコが現れ、自分が先導するので森から逃げようと提案する。ところが道はたいへん険しく、雷も轟いていた。うっそうとした森は誰かが指図しているかのように、彼らの進む道を阻む。しばらく進んだところで、みな疲れ果ててしまった。ある者は怒り出し、またある者はダンコを厳しく責め立てた。彼らの無意味な怒りを止めさせるには、すぐにこの森から逃げ出すしかない。ダンコはためらうことなく手を自分の胸に突っ込み、心臓をえぐり出して火を着けると高々と頭上に掲げて前へ進む道を照らした。人々はみな驚いたが、後に引けなくなり、ダンコについ

ていくことにした。ダンコは人々を森から連れ出して、太陽が光輝き、清々しい空気の大草原に辿り着くと、ほほ笑みながら死んでいった。ところがダンコの燃えた心臓はまだ消えず、青い炎が飛び散った。その後も雷雨になりそうなときは、暗闇の中で青い炎が光るようになったのである。

『イゼルギリ婆さん』が書かれた１８９５年当時のロシア帝国は、まさに大革命の準備時期で、夜明け前の暗闇の中、人々は精神的な鼓舞や、道の先導者を求めていた。そのためゴーリキーは「ダンコ」を輝かしい戦士のイメージとして創作し、暗闇の中で理想のために勇敢に身を捧げ、個人の損得を顧みない英雄を称賛し、人々が大胆に勝利に突き進み、明るい希望を追求するのを鼓舞するとともに、弱々しくて恩知らずな人を批判している。

任正非はダンコの英雄的な功績に感動し、通信業界における案内人をダンコに喩えているが、これは2つのレベルで解釈することができる。

1つ目は、会社レベルである。任正非がダンコの話をしたのは２０１０年のことだ。当時のファーウェイは設立から22年が経っていた。かつて業界を牽引した企業の多くはファーウェイに追い越され、ファーウェイは通信業界のトップへと通じる道を歩んでいるところであり、まもなく業界のリーダーになるというところだった。

このとき、任正非はファーウェイがその準備をしっかり行っているかを振り返り始めていた（事実、そのわずか3年後の2013年、ファーウェイの年間売上高は395億ドルに達し、『フォーチュン』誌のグローバル500企業の315位にランクインした。エリクソンの年間売上高は353億ドルで333位であった。ファーウェイはすでにエリクソンを追い抜き、世界の通信機器メーカー界のリーダーとなった）。これは「安《やす》きに居《お》りて危《き》を思う（平和なときでも常に非常時を念頭に置いて備えをしておくこと）」という任正非の一貫したやり方で、彼はここでたいへん明快な答えを出している。未来の道は不明瞭なので、大きな代償を払うかもしれない。ファーウェイは最後、ダンコのように倒れるかもしれない。だがファーウェイは必ず方向性を見いだすことができる、そしてこの道は「技術が中心」ではなく「顧客第一主義」である、と明確に指摘している。

2つ目はファーウェイの高級幹部レベルである。企業文化のマネジメントと幹部のマネジメントは任正非のマネジメントにおける2大力点である。ファーウェイ設立から30年来、任正非は多くのマネジメント権限を委譲しているが、この2つだけはこれまで手放したことがない。高級幹部に対して任正非は、私心がなく、献身的な精神を持つことを要求している。

業界に流布した任正非の文章「我的父親母親（私の父と母）」〔2001年2月25日発表〕の中で、彼はこのように述べている。「私が自分本位ではないことも、両親の姿から見て取ることができるでしょう。ファーウェイの今日の成功ぶりは、私が自分本位ではないことに少し関係があると思います」。任正非が何度も社内スピーチにおいて言及しているのは、ファーウェイの幹部がみな自分のように私心のない献身的な精神を持ってほしいからである。ここで、任正非のメッセージの中から次の3つの段落をシェアしたい。

中国（企業）は長い間、中庸の道[1]の影響を受けてきました。これは安定を追求する上で非常に有効ですが、多くの傑出した人物の成長を抑圧し、彼らが個性を十分に発揮するのを妨げ、会社のために大きな貢献をして、ほかの従業員の見本となって会社を牽引していくことができない、あるいは無個性が企業を潰すことになります。そのため発展途上の中国企業は特に、傑出した人たちが先頭に立って推し進めていく必要があります。こういった渇望は個々人の成長にチャンスを与えてくれます。ファーウェイは自社の目標を「世界の一流企業に近づくこと」と定めましたが、現在のところ差はまだまだ大きい。我々は英雄的な人物の出現を切に願っています。全員が一丸となって闘える英雄、献身的で、私心がなく、恐れを知らぬ英雄の出現を。

高級将校の役割とは何でしょうか。茫々とした暗闇の中を、自らが発する微かな光で、自分の軍隊を率いて前進する、ダンコのように心臓を取り出して燃やし、後人が前に進むための道を照らすことです。困難であればあるほど、高級幹部は暗闇の中で生命の微かな光を放ち、主観性と能動性を発揮して、必ず勝つという自信を軍隊に与え、軍隊を先導して勝利に向かわせます。各クラスの幹部、主任は試練に耐えて、勇敢に棟木《むなぎ》を担ぎ上げ、従業員を率い、一致団結して難関を乗り切るべきです。悪い噂をばらまき、会社に不信感を持ち、困難に向き合えずパニックに陥る幹部や、プロジェクトに弱音を吐く幹部たちはこの任務が担えないことを示しており、各クラスの組織は彼らをリーダーや重要なポストから退くのを積極的にサポートし、能力のある人物を速やかに手配して交代させ、試練に耐えられる後継者に業務を担当させるべきです。

幹部は私心を少なくするべきです。私心がないことは最大の「利己」です。幹部は周辺部門の貢献を認め、部下の貢献も大いに認めることが必要です。こういった献身は報われるでしょう。あなたが総括をするとき、周辺部門や部下がよくやってくれたことを評価し、あなた自身が何もしていない場合、その先はないのでしょうか。いいえ、残った道は――出世しかありません。あなたがみんなによくすることは、実は最大の「利己」で、あなたの献身は必ず報われます。幹部として部下、周辺部門と争ったり嫉妬したりしてはいけません。私は業務中の負け惜しみには賛成しますが、評価の際には負け惜しみをしてはいけません。

任正非のこの話は、ある人物を思い起こさせる。それは、ファーウェイのコンシューマー・ビジネス・グループ最高責任者（CEO）の余承東《リチャード・ユー》のことである。

2013年、余承東の率いるファーウェイターミナル事業は困難な道を切り拓いた。チームは勇敢に戦い、2012年も重大な局面を切り抜けたが、結果は望み通りのものではなかった。「ベースラインの目標に達しない場合は、チームの責任者のボーナスはなし」という約束を果たすために、余承東は２０１２年の個人の冬のボーナスをゼロにし、任正非は彼に「ゼロから出発するで賞」の賞牌を贈った。ファーウェイターミナル事業チームの従業員のフィードバックによると、余承東はターミナル事業の従業員たちを激励するために、借金をして従業員たちに一部の賞金を渡したそうで、ファーウェイの幹部の多くが彼を見直した。

チームリーダーに私心がなければ、部下は頑張って働こうと思うものだ。任正非がファーウェイを率いて30年あまりが経つが、毎年少しずつみなし配当を続けているため、任正非自身の持ち株比率は１・０１％しかない。未上場の会社の社長の持ち株比率がわずか１・０１％というのは、世界中でほかに例を見ない。これこそ「財散人聚《ざいさんじんしゅう》（財を散じれば人は集まる）」[2]であり、これこそが度量である。任正非のみならず、余承東も「ダンコ」であり、ファーウェイがより多くの「ダンコ」を輩出できれば、将来さらに多くの困難に遭遇しても、暗闇から抜け出すことができるのである。

注

1　偏りがなく、ほどよいこと。『論語』「雍也（ようや）篇」の一節「中庸の徳たるや、それ至れるかな（中庸こそ完全至高の徳である）」。儒学の中心的な概念として尊重されるもの。

2　全文は「財聚人散、財散人聚」（財を集めれば人は散じ、財を散じれば人は集まる）。『戦国策（せんごくさく）』斉（せい）策「馮諼（ふうけん）、孟嘗君（もうしょうくん）の客（かく）となる」のエピソードより。

7 幸せを分かち合う文化

「雷鋒」に損をさせてはならない

【任正非語録】

ファーウェイの価値評価基準は曖昧なものにせず、「奮闘者が基礎、労を多くして得るもの多し」の思想を堅持すべきです。みなさんがよい仕事をすれば、高い報酬を支払います。我々は「雷《らい》鋒《ほう》」（7ページ参照）のような自己犠牲を厭わない人に損をさせません。「雷鋒」が裕福なら、誰もが「雷鋒」になりたいと思うでしょう。ここ3～5年の間、会社の改革という任務はたいへん重要になっています。戦略の機会点において我々に前進を促すかもしれませんし、我々はこの軍隊が前進するのを激励しなければならないのです。

出典：ラテンアメリカおよび大Tシステム部、キャリア・ネットワークＢＧ＊業務会議における任正非のスピーチ、２０１４年５月９日

＊ビジネスグループ（Business Group）の略。特定の部門ではなく、ファーウェイの1事業グループを指す。ファーウェイには次の3大ＢＧがある。キャリア・ネットワークＢＧ（Carrier Network BG）、コンシューマーＢＧ（Consumer BG）、エンタープライズＢＧ（Enterprise BG）。それぞれのＢＧの下にはさらに多くのＢＵ、つまり事業単位（Business Unit）がある。

1970年代の軍人として、任正非の身には多くの「雷鋒」の刻印――献身的で、情に厚く、自制心があり、苦労を厭わない――が刻まれているのは疑いのないことだ。ファーウェイは「雷鋒」のような自己犠牲を厭わない人に損をさせることはしない。つまり勤勉で真面目、苦労を厭わず、恨み言を言われても気にせず、苦労しても報われるとは限らない無名の従業員を奨励し、サポートし、激励し、またこのような精神や行為を勧め、発揚して従業員の道徳的素養を高めている。

どのようにして18万人ものナレッジワーカーを怠ることなく奮闘させているのだろうか。答えは「奮闘者が基礎」にあり、「雷鋒」のような自己犠牲を厭わない人に損をさせないことである。では、どうやって「雷鋒」に利益を分配しているのだろうか。これはファーウェイ独自の価値分配システムで、とてもダイナミックである。詳細を述べよう。

私がファーウェイに在籍していた11年間の主な業務は「ファーウェイマネジメントの道」をコアバリューとして顧客に伝え、顧客の賛同を得て、それによってファーウェイと各界のハイエンド顧客との結びつきを強めていくことだった。多くの経営者が自社を業界の「ミニ・ファーウェイ」として構築することを期待していたので、私は機会があれば彼らとよくファーウェイでのマネジメントの経験と教訓をシェアした。こうしたことを300回ほど行う中で、私は何度となくこんな質問を受けた。

「任正非はなぜ18万人ものナレッジワーカーを集めて、号令1つで命令し、思い通りに動かせるのでしょう？」

私の答えは「幸せを分かち合う文化があるから」だ。

従業員が1つのことを成し遂げられるかどうかは、「能力」と「志」という2つの要素にかかっている。ファーウェイの従業員の、全体的な能力の水準は業界では高いほうだ。したがって、いかにして彼らの志を刺激するかが鍵であり、またその中でも彼らに会社のことを自分のことのように考えてもらうことがポイントとなる。まさにこの論理を基礎として、任正非が1990年代から構築を始めた**「ファントム・ストック（架空の株式）制度」**、市場環境の変化や従業員の世代によって変化していく**「時間単位計画」**の報奨制度（後述）、戦略的に競争相手に勝利した重大プロジェクト賞、破格の昇格者の指名制などは、人の普遍的なニーズを突いた。抜擢や昇給がなければ、人はやっていられないからである。

中国の著名なマネジメント研究者の陳春花《チエンチュンホア》教授は、かつて企業家たちにこのようなアンケートを行った。

あなたのマネジメント経験から、金銭での報奨について、どの程度重要だと考えますか（経験に基づいた回答のみとします）。

非常に重要だ（　）
やや重要だ（　）
重要だ（　）
それほど重要ではない（　）
重要ではない（　）

その理由は何ですか。

現場の企業家からはさまざまな回答が得られたが、陳教授が出した答えは非常に明快で、金銭での奨励は「非常に重要な報奨」であるというものだった。

しかし「事業パートナー」をファーウェイの価値分配に用いるのは十分に適切とはいえない。ファーウェイの幹部と従業員には、たいへん明確な認識がある。それは、従業員の貢献に対して会社が与える重要な報奨とは「金銭」である、というものだ。

なぜこの措置が有効なのだろうか。報奨を有効に展開するのに最も重要なことは、「報奨の対象が誰なのか、その人物が最も重要とする要求は何か」をはっきりさせることである。ファーウェイの答えはこうだ。ファーウェイの多くの従業員は世間一般の生活をしているので、仕事をする上で最も重要な要求とは、収入が上がること、生活が改善されることである。

有効な報奨によって報奨対象を会社に繋ぎとめるのは、彼らを利益共同体、さらには運命共同体とならしめることになる。すべての従業員が任正非を崇拝するわけではない。自分の収入が上がって喜ばない人間はおらず、万人の利己はおのずと万人の利益となる。一方で、競争という環境はファーウェイの従業員を巻き込んでひたすら前へと駆り立て、競走馬のように身動きが取れなくなっている。

多くの人がファーウェイの報奨制度に興味を持っているので、ここで私の理解をみなさんとシェアしたいと思う。ファーウェイの報奨制度は大きく次の4つに分けられる。

(1) **長期的報奨…ファントム・ストック**（架空の株式）従業員による株式所有計画（ESOP＝Employee Stock Ownership Plans）、在職中に享受できる。

(2) **中長期的報奨…時間単位計画**（TUP＝Time Unit Plan）期限は5年間、何度も増減する。

(3) **中短期的報奨…冬のボーナス＋プロジェクト特別賞＋総裁（社長）賞** 変動収入にあたり、作戦単位の収益と深くリンクしている。

(4) **基本給…**給与賃金のこと。固定収入にあたり、水準は業界の上位25％を保っていればよく、実際はそれほど高くない。

高賃金、福利厚生の充実は企業のコストの制御と管理に多大な脅威となる。ファーウェイの報奨制度において、固定収入はできるだけ低い水準に抑えて、変動収入を上げることが望ましいと考えている。つまり、中短期のスポット的な報奨の部分に比重を置いている（ここ数年はBAT〔中国のIT最大手3社、百度《バイドゥ》（Baidu）、阿里巴巴《アリババ》（Alibaba）、騰訊《テンセント》（Tencent）のアルファベット頭文字から〕等IT企業との人材獲得競争があるため、ファーウェイは固定給を少し上げるようになっている）。

この報酬制度の設計が巧妙なのは、会社のキャッシュフローの圧力（給与賃金等の支出は一定の期日があるなど固定的であるため）を低減できるばかりか、従業員に先の4つの報奨を計算させて、全体の収益が割に合っていると思わせるところにある。だが自由資金の収益（たとえば、この一部の資金を自ら不動産あるいはより収益の高い株に投資すること。だがファーウェイは従業員の株取引を認めていない）を考慮していない。

ファーウェイはこの数年、利益の分配制度を堅持しており、内部規定によって、前述の従業員の4つのタイプの収益は2つに分けられる。1つは「資本性の収益」で、もう1つは「労働による収益」である。内部株配当等の資本性の収益は、毎年ファーウェイの総利益の25％しか分配されず、残りの75％は労働による収益を通じて当年の価値を創造した人物に分配され、これにより「資本性の収益：労働による収益＝1：3」という割合が形成されている。

こうしてベテラン従業員が努力せずに食利階層〔食利＝金利生活のこと。働かずに株や投資などの金利で生活する人たちのこと」になり、新人従業員がやる気をなくすような大企業病になるのを大幅に解消している。

多くの企業がファーウェイの「幸せを分かち合う文化」を学び、この全社員持ち株制を援用したいと考えているが、間違った道を進まないよう注意してほしい。そこで我々は次の3つのレベルからさらに理解を深めていきたいと思う。

1. 分かち合える「福」があること

任正非の30年にわたるマネジメント変革についてのスピーチを仔細に確認したところ、任正非はファーウェイが発展していく各段階においていずれも「成長」を強調しており、会社の業務が萎縮するのを常に警戒していた。

萎縮はマネジメントにおいて非常に大きな問題となる。ファーウェイは合理的な成長の速度を保たなければならない。問題があったとしても立ち止まることはできず、前進しながら調整し、高スピードで走りながらタイヤを交換し、会社が拡大していく中で内部の矛盾を消化しなければならない。

任正非はときどき、洗練されたマネジメントに注意するよう従業員に促しているが、その目的は会社の拡大によって混乱が生じるのを回避することである。なぜそうするのかというと、ファーウェイの属する情報・通信分野は果てしなく広がる大草原であり、広大な市場と厚い利益があるからで、適切なタイミングで動くだけで十分に大きな利益を得られるからだ。
幸せを分かち合う文化を確実に実行できるのは、そもそも「福」があることが前提であり、ファントム・ストックの配当メカニズムも現実的な意義を持つ。この背後には通信業界という大市場の支えがある。あなたの企業が属するレースコースにはそういった特徴があるだろうか。分かち合える福はあるだろうか。これは大いに鍵となる観点だ。

2. 幸せを分かち合う「度量」があること

多くの経営者が、ファーウェイがいかにして「幸せを分かち合って」いるのか学びたいと考えているが、本当に幸せを分かち合う必要が出たとき、そういう人たちに限って人材に厳しいギャンブル的な報奨条項をあらかじめ設定してしまう[1]。私は彼らが出した報奨条項を見たことがあるが、子どもの頃に街角にいた猿芝居の風景をふいに思い出した。人材が企業に強い不信感を抱いていて、どうやってその企業の社長と心を1つにできるのだろうか。

一般的に、任正非は「馬鹿なおじいさん」だと思われている。お金があればそこらじゅうにまき散らしているからだ。ファーウェイの従業員への待遇は一般的にかなり厚い。つまり最初に従業員に支払う金額は従業員の予想を超えていて、いわば払いすぎ（Ｏｖｅｒｐａｙ）だ。しかし、従業員が報酬を手にしたとき、社長は太っ腹すぎる、社長から与えられた待遇に対して自分のしたちっぽけな仕事では面目ない、もっと貢献しなければ社長に申し訳が立たないと思うだろう。それとともにに、いつまでも怠けていたり、自分の業務をおろそかにしたりしないようにし、すぐにでも実績を出そうと考えるだろう。以上の2点を基本として、従業員も価値を生み出すことに心から貢献している。事実、能力が非常に高いナレッジワーカーたちは、内心「信用こそが、最も裏切ってはならないもの」だと思っているのである。

また、毎年少しずつ「みなし配当」を続けているため、ファーウェイの「株」の数は増え続けているが、所有者の持ち株比率は低くなっている。最も典型的なのは、任正非の持ち株比率がわずか1・01％であるということだ（ファーウェイの従業員株の構造には外部の株式がなく、すべて従業員の持ち株であり、任正非の所有者としてのコントロール権は株式を少しずつ放出しているために弱められることはない）。最も重要なのは、所有者（任正非のこと）に幸せを分かち合うための大きな度量があるため、彼はあえてこの「株」の数を増やし続け、より多くの新たな人材を引き寄せ、彼らに権限を与え、みなし配当を与えていることである。だからファーウェイの経営はうまく回っているのだ。

3. 幸せを分かち合うメカニズムであること

ファーウェイの幸せを分かち合うメカニズムにおいて、外部の人にどう説明しても説明しきれない、理解されがたい現象がある。それはこれまで、ファーウェイの販売員にはインセンティブがないということだ。

ファーウェイの従業員18万8000人のうち、販売担当の従業員はその3分の1以上である。彼らにどんなインセンティブも存在しないのだ。ファーウェイの人事考課システムは賞与制と株式、時間単位計画（ＴＵＰ）という先物オプション的な報奨を基礎としているが、それには理由がある。ファーウェイではいかなる業務においても一個人の力だけで完結できず、必ず部門全体の力に頼って協力し合い、完成させなければならない。それは横方向では「製品」という次元、縦方向では「顧客」という次元、さらには縦横の方向に作戦を指揮する「区域」という次元など多方向に及ぶ。だからインセンティブで幸せを分かち合うメカニズムを設計することができないのだ。

ファーウェイはチームワークに秀でた組織だが、知恵をうまく結集させているという言い方もできる。30年来、ファーウェイの従業員は「勝てば杯を挙げて祝い合い、負ければ死にもの狂いで助け合う」という文化を形成し、突撃をリードする分配メカニズムを構築している。

２０１８年の年末、私はある企業グループ型の製薬メーカーの役員クラスに「ファーウェイマネジメントの道」の講義を行った。その休憩中、ある役員が彼の企業人としての20年間の中で、一番楽しかったのは１９９０年代だと懐かしんだ。その頃の社長はお金を詰めた麻袋を提げて、営業部や販売部門に報奨を配り歩き、深夜になっても彼らの部署のあるビルはまだ煌々と灯りが点っていて、ニワトリ血液療法〔１９８０年代に中国で流行した健康法。新鮮なニワトリの血を注射すると元気になれるというもの〕を受けたかのように興奮状態で猛進していた。だが残念なことに、半年後には彼らのやる気は失せてしまった。報奨の不平等な分配が内部で矛盾を生み出し、効果がなくなってしまったのだ。

「不患寡而患不均（寡《すくな》きを患《うれ》えずして均《ひと》しからざるを患う）」（貧しいことを心配するより、平等でないことを心配する。『論語』「季氏第十六」の一節）というが、「均」は「平均」のことではなく「規則」であり、分配のメカニズムである。これは技術であるばかりか、芸術なのである。

ファーウェイでは、従業員の収入が業界の平均水準より高いという一方で、調整を続け、高くなりすぎるのを回避している。高くなりすぎてしまったら、従業員はやる気を失ってしまうからだ。たとえば、年俸が2000万元（約3億円）だったとしたら、努力しようとする気持ちがあるだろうか。正常な人間なら、努力するはずがない。「豚も太りすぎればうめき声すら上げなくなる」と任正非は言う。これもファーウェイが非上場を貫く1つの重要な理由である。ファーウェイが報奨方法を調整し続けるのは、怠惰で強欲な人間性に対処していくためである。

ここで、ファーウェイのファントム・ストックと時間単位計画（TUP）について、私の分析を展開しておきたい。

第一に、ファントム・ストックについてである。

任正非は、情報通信業の競争は非常に激しいと考えている。「1人がどんなに努力したところで、永遠に時代の足取りには追いつけない。知の爆発の時代ならなおさらだ。数百人、数千人、数万人を組織してともに努力して、自分たちがその上に立ってこそ、ようやく時代の足に触れられるのだ」と言う。

ファーウェイは企業として成長できるか、強大な源流をつくりうるかという問題を根本的に解決したいと考えていた。そのため多くの従業員を長期的に報奨していく方法を模索する必要があった。そして後にファーウェイが選択した報奨システムは、少数のハイエンドの経営者に対する株の先物オプションによる報奨計画ではなく、従業員による株式所有計画であった。

１９９０年頃、ファーウェイは資金繰りの問題を解決するために、従業員の持ち株制度を構築して現在に至っている。業界ではこれを「ファーウェイの株」と呼ぶが、ファーウェイ内部では「ファントム・ストック（架空の株式）」と呼んでいる。

ファーウェイでは、事業年度ごとに従業員の就業年数、職級、業績パフォーマンス、勤務態度等の指標に基づいて、条件に合う従業員の購入可能な株数を確定する。従業員は購入か放棄か、選択できる。従業員が離職する際、株は労働組合が買い戻す（ファーウェイに満8年在籍し、年齢が満45歳の従業員は会社に「定年退職」を申請でき、会社が承認すれば、株の配当権利を5年間残すことができるが、株数は年々減少していく）。

これは一般的な意義を持つ株ではない。一般的な株には3つの権利——決定権、譲渡権、配当権がある。だがファーウェイのファントム・ストックは、従業員は配当収益と増資の収益のみ享受でき、増資は厳密に抑制されている。本質からいうと、これは利益の分配制度であり、株という形式を借りているだけで、その分配メカニズムは合理的である。また、これは定年退職金の保障制度ではない。ファントム・ストックを設けた当初から、ファーウェイは「利益を分配し、利益で繋ぎとめる」を基本とすることを明確にしている。

多くの人が、ファーウェイのファントム・ストックはなぜ持続可能なのかと尋ねるが、それは毎年配当できるからである。従業員は会社の収益性をしっかりと見極めて、自己資金を会社に投入する。会社は毎年、従業員に十分に安定した収入（主に配当で実現）を与える。

当初はみな、懐疑的な態度を見せていた。2002年の「ファーウェイの冬」（2001年3月に任正非が社内の刊行物に掲載した文章。好景気が続いていたファーウェイも、インターネット・バブル崩壊により経営危機に直面した）の期間、会社株の購入価格は1元／株（2002年当時の1元は約16円）で、各部門の主任は部門の人数に応じて割り当てたが、従業員による会社株の購入という任務を全うできなかった。みな、「ポンジ・スキーム」（出資金をもとに運用し、出資者に配当を分配すると謳い、実際は分配しないこと）ではないかと不安視していたのだ。

だが30年来、任正非はこのシステムを守り抜き、広範囲に利益の分配を行っている。目下、ファーウェイの従業員約18万人のうち、9万人以上が会社株を保有しており、株の年間収益率は平均20％以上で、2010年の年間収益率は60％近くにのぼった。これまでの歴史から見て、従業員は（協議書に署名する際にリスク自己負担、元本保証なしを要求されるが）今までリスクを負うことがなかったので、会社の株に信頼を寄せている。

また、毎年の配当がなぜそんなに高額なのかとも聞かれることがあるが、それは会社がプラス成長の傾向を維持しているからである。ファーウェイは30年間の歴史において、2002年の軽微なマイナス成長を除いて常にプラス成長の道を歩んでいる。ファーウェイは利益のある収入で、かつキャッシュフローのある利益でなければならないことを特に強調している。

ファーウェイは資産の大小を重んじていない。十分な数のヒツジがいなければオオカミを引き寄せられないし、肥沃で広大な草原でなければ、ヒツジを引き寄せることはできない。「成長、成長、成長」とは任正非がファーウェイ内部で終始強調している最も重要な言葉である。これこそ私が、幸せを分かち合う文化の第一歩として、「分かち合える福がある」ということを前面に強調する理由である。

当然ながら、いかなる報奨システムであっても限界はあり、ファーウェイのファントム・ストックにも限界はある。

(1)　法的な制限があるため、ファーウェイのファントム・ストックは特定区域の従業員にのみ与えられる。

ファーウェイの経営のグローバル化に伴い（目下、海外での収入は70％を占めている）、その弊害はますます顕著になっている。ファントム・ストックを分配できない支社の従業員の流失率は非常に高く、あるときなどは毎年流失率が30％に達したこともあった。ファーウェイは新たな報奨システムを模索する必要に迫られている。

(2)　ファントム・ストックには期限がなく、従業員は在職中、常に配当収益を受けることができ、そこから退出する必要はない。

これではベテラン従業員はわずかな苦労をすれば後は安楽に過ごすことができ、配当に頼るだけで生活に事欠かず、賃金を小遣い代わりにし、業績が悪くても気にしなくなってしまう。こういう報奨システムでは新しい従業員の能力活性化に大きなマイナスの影響が出る。

(3)　新しい従業員の株の購入力には限界があり、7・85元／株で5万株購入する場合、40万元（約640万円）の出資が必要になる。

これは新しい従業員にとって負担が大きすぎる。そのため新しい従業員の多くが購入の放棄を選んでいる。だがひとたび購入を放棄したら、ファントム・ストックは設計の初心から大きく外れてしまい、「利益で繋ぎとめる」ことを実現できなくなる。

第二に、時間単位計画（TUP）についてである。

ファントム・ストックの弊害を回避するため、2013年にファーウェイは社長名義のメール240号で「正確な価値観と幹部部隊がファーウェイの長期にわたる成功をリードする」を送信し、時間単位計画（TUP）による報奨メカニズムを推進している。

これは5年間の報奨スキームで、退出のオプションもある。従業員の努力を促し、高いパフォーマンスを追求するものである。この文書の中で、任正非は次のように述べている。

賃金、賞与等といった短期の報奨手段の市場ポジショニングの水準を向上させて、優秀な人材を獲得し、残すことで競争力を強化します。豊富な中長期の報奨手段（全社的に時間単位計画を徐々に実施）は「わずかな苦労だけで後は安穏と生活でき、少し働いて多額の報酬を得る」という弊害を解消するものです。長期の報奨をファーウェイのすべての従業員に適用し、ともに努力し、ともに創造し、ともに分かち合う文化を実現します。

時間単位計画とは、現金による奨励を延期して分配するもので、中長期の報奨パターンに属し、収益の獲得権を事前に受けるものだ。収益は未来のN年間の中で少しずつ現金化していく必要がある（現時点でファーウェイはN＝5と設定）。これは「賞与の先物オプション計画」と呼ぶことができる。時間単位計画（ＴＵＰ）は本質的には特殊な賞与で、従業員のこれまでの貢献とこれからの発展に対する期待値に基づいて確定する、長期的ではあるが永久ではない賞与分配のスキームである。

ＴＵＰはどのように実施しているのだろうか。ファーウェイの5年間のＴＵＰで採用されているのは「繰延＋増加」の分配スキームで、運用は次の通りである。

ある年、ある従業員にＴＵＰを受ける資格が与えられたとする。１００００単位を分配されたとして、仮に額面は単元ごとに1元とすると、

1年目は、配当権利なし。

2年目は、１００００×１／３の配当権利を獲得。

3年目は、10000×2／3の配当権利を獲得。
4年目は、10000単位の100％の配当権利を全額獲得。
5年目は、配当権利を100％全額獲得。このほか元金の価値上昇によって清算を行う。たとえば、元金の価値が3元に上昇していたら、5年目に獲得できる報酬は、全額配当＋10000×（3－1）となる。またTUP10000単位という権利はすべてゼロになる。

このような、従業員のこれまでの貢献と、会社の将来的な発展への期待値に基づいて確定する、長期的ではあるが永久ではない賞与分配のスキームは、ほぼ完璧であろう。だが先に述べたように、いかなる報奨システムにも限界はある。TUPによる報奨システムも例外ではなく、鍵となるのは次の点である。

この制度は従業員が資金を出して購入する必要はなく、みなし配当の方式で従業員に一定額支給するもので、無料で贈呈される。こうすることで従業員のリスクを低減させている。リスクが低減されていれば、従業員もこの権利の損得を重視することはない。そもそも彼らは自分で資金を出していないのだから。そのためTUPの報奨の力はおのずと、ファントム・ストックほど顕著ではなくなる。

注

1　中国語では「対賭協議」。バリュエーション調整メカニズム（VAM＝Valuation Adjustment Mechanism）と言い、投資側と融資側で未確定な事項に対して行う協議のこと。

8 イギリスとフランスの革命が啓示するもの

企業を治むるは小鮮《しょうせん》を烹《に》るが若《ごと》し
――一度の大改革よりも小さな改良を何度も加える

【任正非語録】

ある時期、フランス革命[*1]を賞賛する声が多くありました。ところがイギリスの名誉革命とフランス革命を比べてみますと、私はイギリス名誉革命[*2]のほうに賛同します。イギリスの名誉革命は中国春秋時代の名医である扁鵲《へんじゃく》の長兄が病を未然に発見して治したように静かに行われ[*3]、イギリスの改革が完了しました。

300年ほど前のフランスはナポレオンの時代で、イギリスは危うく滅亡してしまうところでした。この頃のイギリスは劣勢で、フランスは強勢を誇っていました。イギリスで名誉革命が勃発すると、大地主、資産階級が国王と駆け引きをし、自らの権利を勝ち取り、国王の権限が制限されました。こうして立憲君主制ができ、国王の権力が有名無実のものとなり、「君臨すれども統治せず」というオペレーションのメカニズムができたのです。イギリスは1人も死者を出すことなく名誉革命を完成させ、イギリスの議会制度が生まれました。

資産階級は民主的にイギリスの勢いある発展を牽引しましたが、フランス革命は怒濤の如く進行して数多の血を流し、作家たちはその刺激的なポイントを見つけ出して、多くの素晴らしい作品を生み出しました。フランス革命のことを覚えている人は多いですが、イギリス名誉革命のことは忘れられがちです。ですがイギリスは大きな財を成したのに対し、フランスは数百年もの間、内戦が続いたのです。

＊1　1789〜1799年。フランスの市民革命・資本主義革命。絶対王政に対する貴族の反抗がフランス全土に広がって革命となり、国王ルイ16世の処刑により王政は廃止、共和制が成立した。

＊2　1688〜1689年にかけて起こったクーデター。大規模な戦闘がなかったことから「無血革命」とも呼ばれる。この事件により「権利の章典」が制定され、イギリス議会政治の基礎となった。

＊3　古代の名医・扁鵲の2人の兄はいずれも医者だったが、扁鵲ほど有名ではなかった。魏の文王が「3人のうち誰が一番の名医か」と質問したところ、扁鵲はこう答えた。「長兄が一番の名医です。自分は症状が重くなった患者を治し、次兄は病気が軽いうちに治し、長兄は病気の症状が出る前に治すからです」。政治的に解釈されることも多く、中国共産党の幹部の言葉にもしばしばこの故事が引かれている。出典は『鶡冠子（かつかんし）』「世賢第16」。

出典：広州法人での任正非座談会要約［2013］057、2013年2月19日

任正非は危機意識をきわめて強く持っている企業家である。任正非の率いるファーウェイは変革を常に行う企業であり、持続的な変革によってファーウェイには「大企業病」がはびこる土壌はない。だが変革への挑戦は、ときに「過ぎたるは及ばざるが如し」となる。任正非はいかにして明瞭かつ誤ることなく18万人ものファーウェイの従業員、産業チェーン上の数十万のパートナー、それからファーウェイの顧客にファーウェイの変革の本質を伝えているのだろうか。

任正非は喩えを巧妙に用いている。フランス革命とイギリス名誉革命を対比することで、彼の期待するファーウェイのマネジメント変革を示しているのである。

フランス革命の怒濤の如き勢いは、全世界で大きな影響力のある文学作品や芸術作品を多数生み出した。たとえば、十数年前に大ヒットした『旧体制と大革命』（筑摩書房刊）〔習近平体制発足の2012年前後に突如、インテリ層で大きく注目された〕はフランスの歴史学者アレクシ・ド・トクヴィル（1805～1859年）の著作で、まさにフランス革命の頃の歴史について研究したものである。フランスでは従来からの封建制度が崩壊する際、革命で予期される結果がもたらされなかったので、為政者と人々の間の矛盾が露わになり、社会の動揺がどんどん悪化していったという。

また、たとえば、世界の名画『民衆を導く自由の女神』は、フランスのロマン主義の画家ドラクロワ（1798～1863年）がこの歴史を記念して創作した偉大な作品で、現在はパリのルーヴル美術館に所蔵されている。この絵画の中の自由の女神は、自由を象徴するフリジア帽をかぶり、背後の人民たちに革命を呼びかけている。この絵画は中国の中学生の歴史教科書に収録されているので、知名度は非常に高いといえるだろう。

一方、イギリスの名誉革命は静かに行われ、立憲君主制が成立し、国王の権力が有名無実のものとなり、「君臨すれども統治せず」というオペレーションのメカニズムはイギリスの人々の生活を日増しに裕福にしていったばかりか、後のアメリカにも影響を与えている。1776年のアメリカ建国の際、主に参考にしたのはイギリスの政体であった。

みなさんはおわかりだろう。企業変革において、我々はたいていフランス革命と同じように大胆な動きを好み、転覆を好み、「3日間燃焼するのはいいが、3年間くすぶるのはごめん」で、多くは新しい変化のために変革を行う。それはフランス革命がフランスの一般庶民にもたらす価値のことなど考えなかったのと似ている。こういった変革は、企業経営に新たな価値をもたらすことはない。顧客に新たな価値をもたらすこともない。世を騒がせた後、企業は疲れ果てて、残ったのは鶏の羽毛[1]（ほどのちっぽけなもの）である。そして、それ以降は反対に「変革」と聞いただけで顔色が変わるようになってしまうだろう。

『老子道徳経』第60章には、**「治大国、若烹小鮮（大国を治むるは小鮮《しょうせん》を烹《に》るが若《ごと》し）」**（大国を統治するには、小魚を料理するようにかき回さずにじっくり火を通すほうがよいという意味）とある。火を強くしすぎず、小魚を調理するように軽く、ゆっくりとひっくり返す。火が強すぎると、小魚は焦げてしまう。動きが大きすぎると、魚は崩れてしまう。企業変革も同じである。烈火の如く、暴風雨の如く激しい「革命」はすべてふとしたことが全体に影響し、うまく対応できなければ組織を揺さぶり、人心を動揺させ、意図しない結果を招くこともある。そのため**企業を治めるにはとろ火で、緩やかに「改良」するしかない。**

企業変革においてファーウェイが「企業を治むるは小鮮を烹るが若し」を重視するのは、実のところ変革における激しい風雨や、激流を大胆に突き進むといった「急激な変化」を回避するためであり、春雨のようにしっとりと、水面は緩やかに流れながら水面下では深く、変革をバランスよく乗り切ることを追求しているのである。それは変革を盲目的に行うのではなく、一度の大改革よりも小さな改良を何度も加えることである。これにより企業が変革する際に軌道から外れるのを防ぎ、最適な効果を得ることができるのである。

「マネジメントの父」ことピーター・ドラッカー（1909〜2005年）はかつてこう述べている。「以前の私は、よい会社の基準が何かわからなかったが、後になってわかった。静かで波の立たない会社は、必然的にマネジメントが軌道に乗る。もしある会社の運営が常にピークばかりだとしたら、忙しすぎて必然的にマネジメントが悪くなる。優秀な会社はいつもきわめて単調であり、人の心をかき乱すような事件は起こらない。それはほとんどが危機発生の可能性を早々と予見しているからで、ソリューションによってすでにルーチンワークとなっているからである」。

任正非の知恵というのは、人間性を理解し、過去を教訓とするところにある。300年の歴史の流れの中に、人間性の弱点の根源、人々が繰り返し犯してきた過ちを見つめているのだ。この喩えをもっとわかりやすく説明するために、任正非はさらにこう喝破している。

千古《せんこ》の興亡《こうぼう》多少《たしょう》の事。悠悠《ゆうゆう》。尽きざる長江は滾滾《こんこん》と流る（大昔から今まで、この六朝の都にどれだけの興亡が繰り返されてきたことだろう。果てしないことだ。滔々と流れる長江の水だけが昔と同じように流れていく)」[3]と詠われるように、歴史は鏡です。歴史は我々に多くの深い啓示を与えてくれます。マネジメントにおいて、私は急進主義者ではなく、改良主義者です。マネジメントを絶えず進歩させることを主張し、一歩ずつ改善し、一歩ずつ進んでいきます。いかなることも問題が山積みになってから、英雄が現れて一気に力で挽回するのではなく、常に水の流れをスムーズにしておくべきです。

出典：任正非のスピーチ「生き延びることは、企業の揺るぎない道理」、２０００年

また、こんな発言もある。

ファーウェイは設立から20年来、事実上、変革を止めたことはありません。ですが我々は大幅な変革を主張しません。これには莫大な代償が必要となりますので……我々の長年にわたる変革はすべて緩やかで、改良型の変革です。みなさんからは、変革していることがわからないかもしれません。変革は大幅なものであってはなりません。英雄的な大物が登場して状況が一変するようなものは変革ではありません。そんなことがあれば、会社はすぐに潰れます。１人の成功の陰には、無名の兵士がたくさんいるのですから。[2]

出典：任正非とＩＦＳ（Integrated Finance Service）プロジェクトチームおよび財務部門の従業員による座談会の要約、２００９年

任正非の話は徹底している。
智者の行いは、夜明けのように静かでひっそりとしているのだ。

注
1　虎に襲われたことのある人は本当の虎の恐ろしさを知っているため、虎の話を聞いただけで恐怖で顔色が変わるという意味の「談虎色変（だんこしきへん）」という成語のもじり。
2　「1人の成功の陰には〜」：唐・曹松（そうしょう）の「己亥（きがい）の歳」の一節「一将（いっしょう）功成りて万骨（ばんこつ）枯る」のもじり。
3　南宋の政治家・詩人の辛棄疾（しんきしつ）の詩「南郷子（なんきょうし）京口（けいこう）の北固亭（ほくこてい）に登りて懐（おも）い有り」からの引用。

第2章

マネジメントの推進力

9 はたき

自己批判を続けること——行きすぎを正すファーウェイの神器

【任正非語録】

自己批判は武器であり、精神でもあります。ファーウェイの経営上層部、管理者層、中堅たちのすべて、それからあらゆる製品部門の幹部の多くが交代で海外勤務にあたっています。* 彼らは自己批判の気風、不撓不屈《ふとうふくつ》の精神を現場へ持ち込んで、それぞれの分野、それぞれのテリトリーで一定の成果を出しています。自己批判はファーウェイを成功に導き、世界の通信機器業界における今日の地位を築き上げることができました。引き続き競争力を高めていくなら、自己批判の精神を変わらず持ち続けることが必要です。

ただ、我々は自己批判こそ奨励しますが、批判は奨励しません。批判とは他人を批評することで、大多数の人は批評の加減がわからず、簡単に人を傷つけてしまうからです。しかし自己批判は自分で自分のことを批評しますので、多くの人は手加減するはずです。はたきであっても、何度もはたくことで効果を得られるのです。

＊原文「走出去（ゾウチューチュー）」。中国政府による企業の海外進出を支援する「走出去政策」から。

出典：コアネット製品ライン表彰大会での任正非のスピーチ　2008年9月2日

はたきは鳥の羽毛を束ねた、塵や埃を掃除するための用具である。4000年前の夏《か》の時代に、中国で発明されたといわれている。当時の帝であった少康《しょうこう》が、傷を負ったキジが身体を前かがみにして地面を這っているのをたまたま見かけた。キジが通った後には塵や埃がほとんど残っていなかったので、少康はそれを羽毛による作用だと考えた。そこで少康はキジを捕まえてその毛をむしり、初めて「はたき」をつくったのである。

任正非は「自己批判」をはたきで塵や埃を取ることに喩えている。

実のところ、自己批判というのは昨日今日できたものではない。数千年前に孔子《こうし》〔中国春秋時代の思想家・教育家〕の弟子であった曽子《そうし》による「吾日三省我身[1]（吾《われ》日に我が身を三省《さんせい》す＝私は毎日何度も自分の行いを省みる）」や、孟子《もうし》〔中国戦国時代の思想家〕による「天将降大任於斯人也、必先苦其心志、労其筋骨、餓其体膚、空乏其身、行払乱其所為、所以動心忍性、曾益其所不能[2]（天の将《まさ》に大任を斯《こ》の人に降《おろ》さんとするや、必ず先ずその心志《しんし》を苦しめ、その筋骨《きんこつ》を労し、その体膚《たいふ》を餓えしめ、その身を空乏《くうぼう》し、その為す所を払乱《ふつらん》せしむ。心を動かして性に忍び、その能《よ》くせざりし所を益《よ》くせしめんがためなり）」等の言葉は、すべて自己批判の類といえる。

中国の企業家の中でも、任正非は絶えず自己批判を行っている。ファーウェイの創業から30年、

「自己批判」は任正非の言葉の中に高い頻度で登場する。次にそのスピーチのタイトルを挙げよう。

１９９８年「自己批判における進歩」、「自己批判に必要な能力とは」
１９９９年「自己批判し成熟を求める精神は、会社が持ち続けるべき方針だ」、「自己批判によって魂に触れることで時代の流れに順応する」
２０００年「なぜ自己批判が必要か」
２００６年「自己批判指導委員会座談会における言葉」
２００７年「自らの過ちに気づかない将軍は将たる器ではない」
２００８年「泥の中から這い上がってきた者こそが聖人だ」
２０１０年「開放、提携、自己批判によって、多くの企業の英雄たちを受け入れること」
２０１４年「自己批判によって超え続ける」
２０１５年「発信〝財経部に関する管理チーム民主生活会[3]紀要〟」
２０１６年「歩む道に花は咲いていない」（後述、１６３ページ）、「ファーウェイ、攻撃するのはいいが、ほめ殺しはするな」
２０１７年「真実を持ち続ければ、ファーウェイはもっと充実できる」、「ガルシア、戻っておいで！　孔令賢、君に期待しているんだ！　戻ってきてくれ。ガルシア、会社が間違っていた」（後述、１１７ページ）
２０１８年「〝泥の中から這い上がってきた聖人〟——〝フェニックスは火の中からよみがえる。

自己批判における成長〟ある記念式典での任会長のスピーチ」等

ファーウェイでは、『華為人』（ファーウェイ人）と『管理優化』（管理の最適化）という2つの社内報が発行されているが、これらの視点はまったく異なる。

『華為人』は、人間性を称えて進歩を追求することに着目している（天使の一面）。ここでは獲得した大きなプロジェクトや、優良顧客の表彰、奮闘する従業員や模範社員のコメントなどファーウェイのよい面を見ることができる。ベンチマークの価値を出し続けるのに、「引く」力が用いられている。

一方、**『管理優化』は、人間性の怠惰な面を暴露することに着目している（悪魔の一面）**。ここでは、たとえば顧客への態度の悪さやワークフローの硬直化、あるいは内部での責任転嫁、結託して働いた悪事など、ファーウェイの悪い面を見ることができる。『管理優化』は、軽いものにははたきのように塵や埃をはたき落とし、重大なものには小さな錐《きり》のように背中を刺し続ける。人の目にさらすことで従業員の自己批判を促している。これには「押す」力が用いられる。

人間性には「天使の一面」と「悪魔の一面」という二面性があると、任正非は考えている。押す力と引く力が一体となって、進歩を促すのである。

インターネットの影響が広がるにつれて、新聞による情報伝達の効率は明らかに下がっている。

2009年、ファーウェイはインターネット上に社内フォーラム「心声社区《シンションシャーチュー》（心の声コミュニティ）」を立ち上げたが、このコミュニティはファーウェイが自己批判を日常的に行う主な活動の場となった。ここでは、ファーウェイの従業員なら誰でも会社の施策に対して意見することができる。実名を出すのに不都合があれば、匿名でもかまわない。そのため、このコミュニティはファーウェイの「オープンスペース」とも呼ばれている。

自己批判は、ファーウェイのコアバリューの中できわめて重要な位置を占めている。私たちは冗談で、このコアバリュー――「顧客第一主義」、「奮闘者が基礎」、「努力の継続」、「自己批判」――を中国の民間曲芸の「三句半《サンジューバン》」〔3つの文と短いオチを組み合わせた歌のこと。4人の芸人が登場し、3人が1つずつ文を読むか歌い、最後の1人がオチを言う。内容は風刺など何でもいい〕と呼んでいる。「顧客第一主義」は価値の獲得という問題を解決し、「奮闘者が基礎」は価値を評価し分配するという問題を解決する。また「努力の継続」は大企業の成長に伴うボトルネックという問題を解決する。

ただ、企業経営においてこの3つが正しく行われなければ、是正する仕組みが必要となってくる。それこそ任正非が長きにわたって拠り所としている「自己批判」という宝なのである。ファーウェイが業界トップになってからというもの、それを維持できるか心配する人は多いが、私は、ファーウェイの従業員たちが「自己批判」という是正ツールを放棄さえしなければ、ファーウェイの発展に問題はないと考えている。

ファーウェイの自己批判について、さらに感覚的に認識できるよう「テレコム・マレーシア事件」[4]、「デッドストック賞」、「孔令賢事件」という3つの例を挙げたい。

ファーウェイ自己批判の典型例1…テレコム・マレーシア事件

２０１１年の初め、約3万字のルポルタージュ「我々は今も〝顧客第一主義〟だろうか——テレコム・マレーシアCEOからのクレームの顛末」が、新年の祝詞として『華為人』に掲載された。これはファーウェイの従業員たちに冷や水を浴びせるような内容で、業績が伸びていく喧騒の中で、彼らを冷静にさせた。

先の説明のように、このようなマイナス面の事件は普通、『管理優化』のほうで発表される。だが任正非はこれをプラス思考の代表である『華為人』に発表することにした。それはファーウェイのすべてのクライアント、ライバル企業、従業員、従業員の家族たちの目にも触れることを意味する。ファーウェイの従業員の人間性の「悪」の面が表面化された、驚くべき事件であった。

本件は２０１０年8月5日、テレコム・マレーシアCEOからファーウェイに宛てたクレームに端を発する。クレームのメールには、こう書かれていた。

「誠に残念なことに、過去数か月において、ファーウェイの態度は弊社のような国際的な大企業が期待する基本的な要求に沿ったものではありませんでした。この数か月の間に多くの問題が生じ、我々経営陣は高い関心と憂慮を持つに至りました。

(1) 契約内容の履行状況と納品の問題
納品された製品の中に、契約とは異なる設備があったり、納品の前後でテスト結果が異なるものがあったりしました。

(2) プロフェッショナルなプロジェクトマネジメントの欠如
我々が何度も不満を申し上げる中で、プロジェクト間のシナジーという面ではファーウェイの努力と改善の跡がいくらか見られましたが、ネットワークにおいては、なおリスクアセスメントに欠けた独断による変更が多くあります。

(3) 契約書で要求している優秀なエキスパートのリソースの不足……」。

文面こそ冷静だったが、ファーウェイに対してすっかり失望しているのは明らかだった。

そのためファーウェイの上層部は「我々は今も〝顧客第一主義〟でいるだろうか」という自己批判運動を始めた。

「〝顧客第一主義〟が、本当に心の中に根づいているか？」

「クライアントの要望に対して真摯に耳を傾け、クライアントが感じていることを真剣に理解しようとしているか？」

「これまで我々が誇ってきたやり方、ワークフロー、ツール、組織構造は市場の新しいニーズのもとでは無力にも変わっていく。未来の競争においても、クライアントの価値の実現をサポートできるか？」
「本当にクライアントを成功に導けるか？」
といった課題をめぐって、徹底的に討論し、真剣に検討したのである。

任正非はこの結果をすべて公開することにし、最終的にはクライアントから信頼を勝ち取った。それとともにこの事件は、2011年に在職していたファーウェイ全従業員の心に「テレコム・マレーシア事件」として刻まれることになった。これ以降「顧客第一主義」ではないというとき、「これって〝第二のテレコム・マレーシア事件〟では？」と、自然に注意喚起がなされるようになった。

この自己批判の一件は、次のことを示している。

(1) 企業にとって最良の危機管理広報は、自己批判であり、勇気を持って過ちを正すことである。たとえば、2017年に海底撈《ハイディーラオ》〔火鍋料理の大手チェーン店〕で店舗内の衛生問題が発生した。しかし問題発生から4時間以内に、会長の張勇《ジャンヨン》と海底撈の経営陣は全面的に非を認め、問題を起こした2店舗の店長や従業員に責任を転嫁しなかった。こうして海底撈はすぐに消費者からの理解を得ることができた。

(2) 自己批判は自分を否定するのではなく、自分に自信をつけるものである。強者だけが自己批判を行えるのであり、また自己批判によって真の強者になれるのだ。

(3) ワークフローはたいへん重要であるが、すべての問題を解決してはくれない。自己批判の管理体系をつくり上げ、それを持ち続けていれば企業の方向性は基本的に正しく、組織には活力が満ちる。

ファーウェイ自己批判の典型例2…デッドストック賞

「テレコム・マレーシア事件」からさらに遡ること10年、ファーウェイの従業員の印象に残る自己批判の事件があった。2000年のことである。任正非は数千人に上る全研究員を深圳《シンセン》体育館に集めて自己批判大会を行った。

研究員の技術の未熟さから廃棄となったコンピュータ基板、クレーム処理に向かうために使った航空券、廃棄されたオペレーションガイドを「賞品」として行政部（後方支援部隊のことで、日本でいう総務部のような存在）が額装し、研究開発部門の各チームリーダーたち1人ひとりを壇上に上げて配った。品質が不合格だったという彼らの強烈な「恥」の部分を刺激したのである。ファーウェイ内部ではこれを「デッドストック大会」と呼んでいるが、この大会によって、ファーウェイの研究開発部門はエンジニア文化からビジネスエンジニア文化へと確立された。

任正非は「デッドストック大会」の中でこんな話をしている。

研究開発部門が今回、自己批判を徹底的に見直すことは、会社の発展史におけるマイルストーンであり、分岐点であります。10年間の努力の結果、研究員たちが成熟し始め、努力の真の意味を理解したということを教えてくれています。未来の10年間は、彼らが成熟して作用を発揮する10年間です。またこの未来の10年間には、さらに優秀な若者たちが入社してくるでしょう。彼らは指導者のリードのもとで、必ずやさらに大きな貢献をしてくれるでしょう。会社も未来の10年間でさらに発展するはずです。受賞者はこの廃品を家に持ち帰って、親しい人たちと共有することをお勧めします。今は廃品ですが、心を洗い流せば明日には素晴らしい成果物となっているでしょう。賞品として親しい人にプレゼントしてください。これを教訓として心に刻めば、我々は永遠に受け入れるでしょう。

この自己批判の一件は、次のことを示している。

(1) 知識層は大きな仕事をしたがり、小さな改善はしたがらない。「クライアントを満足させられなければ、クライアントに迷惑をかけてしまう」という「恥」の観念が薄いため、自己批判によって補っていく必要がある。

(2)　ネガティブな激励は、人の心に大きなダメージを与えてしまうため、うまく行うことが大切である。組織の恥の部分や責任感を刺激すれば、恥を知り自らが奮起する動機となるし、結果としてクライアントを成功に導けるのである。

ほとんどの企業では、あえて従業員をポジティブに激励する。ネガティブな激励をすると、従業員が逃げ出してしまうのが心配だからだ。重要なことは、自分たちが価値の創造を導くメカニズムとなっているかどうかであり、ネガティブな激励を社内闘争のツールに変えてはならないのである。

(3)　自己批判を行うにあたって、幹部が必ず先頭に立ち、なおかつ使命感を持って行うこと。ファーウェイでは毎年、取締役会、各事業チーム、各製品ラインなど川上から川下までのすべてのレベルで自己批判会議を行っている。きわめて儀式的な雰囲気の会場に入れば、一風変わった文化を感じることができるだろう。

ファーウェイ自己批判の典型例3…孔令賢《コンリンシェン》事件

任正非は幹部に自己批判を要求しているが、自分は自己批判をしないのではないかと聞かれることがある。

そんなことはあり得ない。考えてもみてほしい。ファーウェイに在籍する18万8000人はみな高等教育を受けた知的な従業員だ。もし企業の最高責任者が他人に厳しくて自分に甘い人間だったら、従業員たちもいいかげんな人間になるはずである。私が思うに、**任正非はファーウェイの中で最も自己批判を行っている人物である。**彼は自分が完璧な人間だとは考えていない。ここで2017年に起きた事例を紹介したい。

2017年9月5日、任正非はファーウェイの社内フォーラム「心の声コミュニティ」にある文章を転載した。それは退職した従業員の孔令賢《コンリンシェン》（2011年3月～2015年11月までファーウェイ西安研究所に在籍した元従業員。クラウドエンジニア。2014年に3級特進で昇給した後、職場内のさまざまな軋轢《あつれき》から退職するに至った）に個人名で詫びるものだった。しかもファーウェイに戻ってくるように、とも呼びかけている。この文章はすぐさまネット上で話題となった。

任正非が発信した「ガルシアを探して」という文章も、たいへん心を動かされるものだった（アメリカの作家エルバート・ハバート（1856～1915年）による物語「ガルシアへの手紙」（1899年発表）に触発されたタイトル。物語は米西戦争中、アメリカ大統領がキューバ反乱軍のリーダーであるガルシアに連絡を取るため、ローワンという若い将校に手紙を託すが、そのときにローワンが取った英雄的な行動により、手紙は無事にガルシアに届いたというもの。ローワンはガルシアについて大統領にいっさい質問せず、誰の助けも借りずに1人で任務を遂行した）。

「ガルシア、戻っておいで！　孔令賢、我々は期待しているよ！　2014年、孔令賢さんは3階級の特別昇格後に重圧を感じ、誠意をもってファーウェイを去りました。古代、周《しゅう》の摂政であった周公旦《しゅうこうたん》は噂を恐れた[5]と言いますが、我々は周公旦ではありません。会社が間違っていました。あなたの問題ではありません。戻ってきてください、我々のヒーローよ」。

これについて、任正非は説明を加えている。

　ファーウェイで優秀な人物の成長を阻んでいるのは何か。3階級も特別昇格した人物がなぜ退職しなければならなかったのか。どんな人物に頼って価値を創造すべきか。なぜ英雄を許せない人がいるのか。ファーウェイはやはり旧態依然のままなのでしょうか。「勝てば杯を挙げて祝い合い、負ければ死にもの狂いで助け合う」精神は今もあるのでしょうか。ある欧米企業もかつてはこのような道を辿ってきました。ファーウェイの文化は初心に立ち返るべきではないでしょうか。優秀な人物の貢献ぶりを見極めてそのよい点に注目し、手本として学ぶべきです。これが文化となり、これこそが哲学なのです。

18万人もの将兵たちを主管し、年商が7000億元（約11兆2000億円）に達している、70歳を超えたビジネス界の名リーダーが、退職した1従業員に過ちを認めただけではない。会社の責任者として、謝罪のメールを全従業員に一斉送信することは、ビジネス史上かなり異例のことである。

「孔令賢事件」を通して、任正非は2つの思いを明らかにしている。1つは会社のリーダーとして、会社を代表して孔令賢もしくは孔令賢のような従業員が辞めていくことを申し訳なく思い、優秀な人材を渇望する態度である。もう1つは、孔令賢の件を例としてすべての幹部に気づかせることで、ファーウェイが人材を尊重し、実力ある人物が活躍する土台となることを推進することである。これがファーウェイの生存哲学であり、企業文化なのである。

任正非は、創業者として、ときに古株ならではの重みのある言葉でファーウェイの従業員たちに口添えをする。70歳を過ぎたリーダーにとって、これは簡単なことではない。あるファーウェイの従業員は「任会長の心のこもった言葉に、感動して涙が出ました」と言っている。

これはファーウェイが仕掛けた茶番劇なのではないか、と言う人もいる。だが、かつてファーウェイに10年以上在籍した私なら、自信を持ってこう言える。これこそが、素直な任正非が一貫して備えている風格なのだ。また素直だからこそ、かつてファーウェイで戦ってきた従業員、今もなおファーウェイで戦っている従業員、さらには将来ファーウェイに入社するであろう人々が、あえて自己批判をするファーウェイのリーダーの姿を見ることができるのだ。

これら3つの事例から、次のように解釈することができる。人間性に対抗するのがいかに難しいことか。人はたいてい他人を批判することを好み、自己批判を嫌う。だが企業が自己批判の雰囲気や仕組みをつくっていけば、問題を速やかに表面化させることができる。自己批判を続けることは、任正非の人間性に対する洞察の結果であり、ファーウェイが業界トップを走り続ける根本的な理由だといえよう。

注

1 『論語』「学而第一」の一節。全文は「吾日に我が身を三省す。人の為に謀（はか）りて忠（ちゅう）ならざるか。朋友（ほうゆう）と交わりて信ならざるか。習わざるを伝うるかと」。

2 『孟子』「告子（こくし）下」の一節。通釈は次の通り。「天が人に重大な使命を任せようとするとき、天はまずその人の心を苦しませ、肉体を疲弊させ、餓えに苦しませ、体を弱らせて、その人の行うことすべてを失敗させようとする。それによって人の心は揺さぶられ、忍耐心が育まれ、その人がこれまでできなかったことができるようになるのだ」。

3 民主生活会とは、1990年から始まった中国共産党内部での批判と自己批判を行なう場のこと。ファーウェイの財務部で起きた案件について、管理チームで民主生活会を行った。ここでは、旅費の規定に関する文章が任正非の目にとまり、孟晩舟（自分の娘）が所属している財務部の高級幹部の発言がすべて記録されることになった。身内であっても批判の対象にする任正非に対し、従業員は畏敬の念を持った。

4 マレーシアの大手電気通信会社。1946年創立。電話やブロードバンド、携帯等の通信サービスを提供。

5 出典は唐・白居易（はくきょい）「放言（ほうげん）五首」其三の「周公恐惧流言日、王莽謙恭未簒時《周公（しゅうこう）は恐惧（きょうく）す流言（りゅうげん）の日、王莽（おうもう）は謙恭（けんきょう）す未（いま）だ簒（さん）するの時》」。古代の著名な政治家・周公旦は王位簒奪の噂を立てられることを恐れ、漢を簒奪した王莽はクーデターの前はへりくだった態度を取っていたという意味。

10　馬を引かない兵士

ワークフローを「押す」から「引く」へ変える
――組織を活性化し続けるということ

【編者解説】

『華為人』元編集長の李寧《リーニン》が、マネジメント界に伝わる「馬を引かない兵士」の物語について語った。

ある国に若くて前途有望な砲兵の将校がいた。彼は任地に到着早々、部隊の訓練の状況を視察したところ、複数の部隊で同じ状況が起こっていることに気づいた。それは各部隊の訓練中、１人の兵士が常に大砲の砲身の下にいて、微動だにしないことだった。不思議に思った将校が理由を尋ねると、訓練で決まっているという返事が返ってきた。将校は執務室に戻ると軍事関連の文献を読みあさり、ようやくあることを発見した。砲兵の訓練の規則は、機械化されていない古い時代のものを墨守《ぼくしゅ》していたのだ。

昔の大砲は馬車で前線に運搬されていて、砲身の下に立つ兵士の任務は馬を引き、大砲が発射された後の反動で生じる距離の誤差を調整して、再び照準を合わせるのに必要な時間を短縮することだった。大砲の自動化、機械化の水準が劇的に向上している現代において、そんな役目は必要がなくなっているのに、訓練の規則は実際に即して変更できていなかった。そのため「馬を引かない兵士」が出現してしまったのだ。この将校はそれに気がつき、調整措置を提案し、その国の国防部から褒賞された。

出典：社内報『華為人』元編集長・李寧「再読・ファーウェイ」シリーズ

ファーウェイの設立初期、任正非はスピーチの中でよく、ファーウェイには「馬を引かない兵士」は必要ないと話していた。馬を引かない兵士とは組織の中の無駄な人員、働かない人のことである。ファーウェイは絶えず調整と改善を行う組織であり、ほぼ2年ごとに組織とワークフローを調整している。任正非の過去のスピーチに注目すれば、彼がファーウェイの組織の肥大化、人員過剰、ワークフローの複雑化といった現象を常に批判し、変革を求め、変革を常態化させていることに気づくだろう。

どんな組織でも設立当初はみな、生き生きとしているものだ。それぞれが複数の仕事を抱えて、「3人で4人分の賃金をもらい、5人分働く」といった、プレッシャーと成果が並存する、拡張期である。だが業務が成熟していくと、組織は固まり始め、部署はどんどん増えていく。なぜならば、新しい部署が増えていくのに、古くからある部署はそのまま残るからである。

考慮を重ねて「老人」の顔を立てるうちに、少しずつ「馬を引かない兵士」が生まれ、給料泥棒だらけの職場になってしまうのだ。業界の情勢がよいときなら組織はまだ支えられるが、業界の成長が鈍り、下降しているときは、「ふんぞり返って座っている人のほうが馬を引く人より多いので、真面目に馬を引いている人も逃げ出してしまう」という現象が生じる。業績が上がらない組織はいずれ衰退していくだろう。

部署内で争いが起きるのは、多くの場合、「暇」（中国語では「閑《シエン》」）だからのひと言に尽きる。ある組織にひとたび働かない人が現れてしまうと、さまざまな対立やいじめ、浪費や内部抗争による消耗が生じやすくなる。ファーウェイはこうした「割れ窓理論」（小さな乱れが大きな乱れへとつながるという理論。もとは環境犯罪学の理論だが、ビジネスにも応用されている）の出現を特に警戒している。

ファーウェイの「心の声コミュニティ」で発表された「マネジメント幹部によるシンポジウムでの任正非総裁のスピーチ」という文章には、任正非の「我々は18万人の従業員を養っていく必要があります。毎年の賃金、給与、株の配当を合わせると300億ドルを超えます」という言葉が引用されている。この話からファーウェイの従業員の平均年収を単純計算すると、300億ドル×6・8元÷18万人、つまり113万元（約1800万円）となる。

このため業界ではファーウェイの従業員は高給取りだと噂されたが、実はこれは大きな誤解だ。この数字が正しいかどうかは別として、ファーウェイの従業員は収入こそ高いが、高給取りではない。ファーウェイは従業員の固定収入を厳密に抑える代わりに、変動収入を上げたいと考えている会社だからだ。ファーウェイは、従業員の賃金が業界で75点であればよく（つまり業界の上位25％）、より多くの収入を目指すなら従業員が努力して報奨金を勝ち取ればよいのだ。それが「利益の分配制度」というものである。

ファーウェイは非上場を貫いているが、それはなぜか。理由はいくつもあるが、任正非によればそのうちの1つは「**豚も太りすぎれば、うめき声すらあげなくなるから**」である。科学技術に携わる企業は、人材が推進力である。会社が早々に上場してしまったら、一部の人間は一夜にして億万長者となってしまい、業務に対する情熱は冷めていく。これはファーウェイにとってよいこととはいえず、また従業員自身にとってもよいこととは限らない。それで、ファーウェイは散漫な軍隊に見えるぐらい、緩やかに成長しているのだ。

会社の主要なリソースはターゲットとチャンスを探すことに用い、その上で、チャンスを結果に転化させるべきだと任正非は考えている。後方に配備されている先進的な設備や優れたリソースは、第一線の従業員がターゲットとチャンスを見つけたとき、即座に彼らに有効なサポートを提供するべきであり、これらのリソースを持っている人が第一線の従業員を指揮してはならないのである。

武器の要請は、砲声が聞こえる人が決断すべきであって、ワークフローに制御箇所が多すぎると稼働率が下がり、オペレーションコストを増やし、官僚主義や教条主義が生じてしまう。会社は権限を与えるという規則に則って継続して第一線のチームに決定権を与え、後方は保証の作用のみとし、ニーズによって目的を定め、目的によって保証を使い、すべて第一線のために考慮される。こうして第一線の従業員と後方支援チームが力を合わせて不要なワークフローを削減し、不要な従業員を整理し、稼働率を上げて、組織の長期的な発展のための地固めをする。

具体的に「押す」と「引く」という言葉でこのプロセスを説明するなら、ファーウェイのこれまでの組織とオペレーションのメカニズムは「押す」メカニズムであったが、現在はそれが徐々に「引く」メカニズムに転換しているといえる。あるいは「押す」と「引く」を結合させながら、「引く」をメインとするメカニズムに転換しつつあるともいえる。任正非も言っているように、押しているときは、意思決定層の強大なエンジンが推進され、無用のワークフロー、やる気のない職場がよく見えない。一方で引いているときは、どのロープに力がないかがわかるので、すぐにそれを切ってしまい、そのロープの先にあるチームや従業員を削減すれば、組織の効率は大幅に上がるのだ。

ファーウェイのこういった取り組みから、次のことがわかる。ファーウェイは「馬を引かない兵士」の出現を減らそうとしている。一方で、ワークフロー、組織、制度を調整し続け、ワークフローの変革をこれまでの「押す」メカニズムから「引く」メカニズムに少しずつ転換させ、即座に「馬を引かない兵士」を見つけ出す。こうして「砲声が聞こえる人に武器を要請させる」仕組みの効果を高めているのである。

11　ファーウェイのエントロピー

散逸構造――光明の矢

【任正非語録】

我々は毎年4000名あまりの従業員に破格の抜擢を行い、努力する力を活性化させています。優秀な人材に最適なタイミングと場所で貢献してもらうためです。人的資源の評価は部署ごとに行われるべきですが、何を用いてどんな人事考課をするのか。目的のない人事考課を行ってはならず、「前線の将兵」たちを「作戦」にフォーカスさせるのです。人的資源の熱力学第二法則の熱的死《ねってきし》*を研究すれば、ファーウェイの早すぎる没落や終焉を回避してくれるでしょう。

*エントロピーが最大の状態にあることを指し、宇宙の最終的な状態と考えられている。

出典：「春江（しゅんこう）水暖（みずあたた）かにして鴨先（かもま）づ知る、楼蘭（ろうらん）を破（やぶ）らずんば終（つい）に還（かえ）らじ」*、「出征・練磨・未来に勝つ」研究開発に関わる「将兵」たちの「出征」大会における任正非のスピーチ、2016年10月28日

*2つの引用からなるタイトル。前半の「春江水暖かにして鴨先づ知る」は、北宋の詩人、蘇軾（そしょく、1036～1101年）の「恵崇（えすう）の春江晩景（しゅんこうぎょうけい）」の一節。恵崇（956頃～1017年）は北宋初期の画僧で、蘇軾が恵崇の作品である「春江晩景」という絵を見て詠んだ七言詩。川の水が温（ぬる）み始めたことを鴨がいち早く感じ取る、という意味。後半の「楼蘭を破らずんば終に還らじ」は唐の詩人、王昌齢（おうしょうれい、700頃～755年頃）の「従軍行（じゅうぐんこう）」の一節から。楼蘭（現在の新疆ウイグル自治区）へ出征

する兵士たちを見送る際に詠んだとされる。楼蘭との戦いに打ち勝たなければ故郷に帰ることはできない、という意味。

過去10数年間にわたり、私は筆頭講師として「ファーウェイマネジメントの道」の講義を３００回あまり行ってきた。企業家たちは、この講義を受けた後にたいてい恥ずかしくなり、自分は経営者として未熟だと思うが、従業員がだめだとは考えない。なぜ、業界はファーウェイという企業のごくまれな成功を学ぼうとするのだろうか。

観察の末にわかったのは次の点である。

まず、経営者たちの多くは、業界のレースコースそのものの差異のほかに、ファーウェイの従業員がいかに努力しているのかだけを知ろうとし、ファーウェイの「奮闘者が基礎」とはどういうものかを学ぼうとはしない、ということである。

また、経営者たちの多くは末端組織の従業員には顧客第一主義を期待しながら、自分や役員クラスは顧客第一主義など頭にない。それでいて「顔を顧客に向けて、社長に背を向ける」をスローガンにしたりする。だがもし本当にそれを実行したら、その従業員は即刻会社を追い出されてしまうだろう。中堅やハイエンドの従業員には自己批判の精神を望みながら、経営者たちは方策を講じて自分の権威を維持しようとする。自分の発言は決定的なもので、下した決断は誰も疑問を挟む余地がない――あなたの身近にもこんな経営者はいないだろうか。

任正非のことを真剣に学ぼうとする人のほとんどが、任正非の基本的な論理をまともに理解しておらず、発言の断片を拾って部下への教訓ツールにしているだけである。これこそが、ファーウェイに学ぼうとして学びきれない根本的な原因である。

任正非は常に努力、自己批判、危機感を唱え、「ファーウェイには歴史は不要、成功はなく成長あるのみ」を強調しているが、これらはすべて「エントロピーの減少」にインスピレーションを受けている。

任正非はエントロピーを自然科学から社会科学に応用し、かつファーウェイに落とし込んだ。誰かの著作の序文を書くことは任正非にしてはたいへん珍しいことだが、2017年の年末に発売されたファーウェイ思想研究院の丁偉《ディンウェイ》氏とファーウェイ大学の執行校長〔学校経営など実際の運営を行う役職の校長のこと〕の陳海燕《チェンハイイエン》氏による書籍『ファーウェイのエントロピー　光明の矢』に序文を寄せている。

私はこの序文をとりわけ感慨深く思う。そして任正非という英知の塊が、大自然の法則と人間性について熟知していることに改めて敬服した。ここにその序文を紹介したい。大道《だいどう》は至《いた》りて簡《やす》し（7ページ参照）。この文章はたいへん短いが、一字一句が珠玉であり、本質に迫るものである。

エントロピー減少の過程は苦しいが、その前途は光り輝く

水がチベット高原から海へと流れていく。これはエネルギー放出の過程である。道の途中で

は歌を歌いながら談笑し、歓喜の波しぶきが次々と沸き起こる。険しい山があれば迂回し、窪地があれば塞いで湖にし、決して争うことはない。ポンプで水を高所まで汲もうとするとき、外からの力でそのエネルギーを回復させるが、このエントロピーの減少過程というものが、いかに苦しいものであるか。ポンプの羽根が高速回転し、激しく水を打つ。水が高所へと上がるとき、パイプの中であがっている水のうめき声は聞こえるだろうか。私にはこう聞こえる。「お母さん、ピアノやりたくないよう」、「もうちょっと寝ていたいなあ」、「ママ痛いよ、すごく痛いよう！　羽根のおじさん（ポンプの羽根のこと）に打たれたくないよ」。

人間のエントロピーの減少も同様である。幼稚園の頃に文字やピアノを学び始め、小学校で数学を、中学校で歴史と物理を学び、大学で工学を学ぶ。それから修士、博士へと進むけれども、テスト前は徹夜……やっとのことで卒業できたと思ったら、またしても最下位が淘汰される人事考課のプレッシャーを受ける。エントロピー減少の過程はとてもつらく、苦しい。だがその結果はすべて光り輝いている。幼い頃から勉強せず、努力しなければ、エントロピー増大の結果は苦しいものとなる。もう一度やり直したいと思っても来世はない。

人間も自然界もエネルギーを転換できるので、ポテンシャルエネルギーを増加させることができる。だからこそ人類社会をこれほどまでに美しいものにしているのである。

任正非
２０１７年12月19日

任正非のこの言葉は小学校卒業程度の学力しかない人でもすぐに理解できる。これが彼の素晴らしい点である。「エントロピーの減少」の真の論理とは何か。2017年、ファーウェイの「2012ラボ」（詳細は275ページ）技術思想研究所が「エントロピーの減少」について詳しく考察し、その結果を「心の声コミュニティ」に発表した。これもファーウェイがこの概念の秘密を初めて、かつ完全に明らかにしたものだ。

ただ、たいへん残念なことに、この概念は抽象的ゆえ、根気強く理解しようとする人が少ない。そのためこの概念が意味する大きな価値が見落とされてしまう。冷静な気持ちでよく考えてほしい。もしそれを理解すれば、中国のSNS微信《ウェイシン》の「朋友圈《ポンヨウチュエン》（モーメンツ）」で、「ファーウェイ」というキーワードが含まれた「釣りタイトル」の文章を100篇読むより得るものは大きい。というのも、あなたはとっくに第一原理〔イーロン・マスクのいう第一原理思考のこと。ほかのものから推論できない命題、基本的前提を指す〕に戻って、ファーウェイがどうやって組織を活性化させているのかを考えているからである。

ルドルフ・クラウジウス（1822〜1888年。ドイツの物理学者）は熱力学第二法則を発見した際、それを「エントロピー」と定義した。自然界では、いかなるときも熱は温度が高いほうから低いほうへと自動的に移動し、孤立系で最終的に熱平衡状態に達し、温度差がなくなり、物質の移動がなくなる。この過程を「エントロピーの増大」といい、最終的な状態を熱的死《ねってきし》と呼ぶ。

1981年、アメリカで『エントロピーの法則——21世紀文明観の基礎』（祥伝社刊）という話題作が出版され〔アメリカの経済理論家ジェレミー・リフキンの著作〕、これによりエントロピーの概念は自然科学研究の範疇から演繹されて人類社会へと移植されることになった。イギリスの化学者フレデリック・ソディ（1877〜1956年）はこう断言している。エントロピーの法則は「最終的に政治制度の繁栄と衰退、国家の自由と隷属、ビジネスと実業の運命、貧困と富裕の起源さらには人類すべての物質的な福利を制御する……」。

経済学の理論や計算方法の多くはその根底に物理学があり、そこから啓発を受けているが、新しい生命が経済学の意義において理性のある人間だとは限らない。人間性と社会（人間性の集団化）の複雑性に向き合うには、経済学はやや遅れを取っているが、エントロピーの理論は物理学と生命の活力を通して人の心に直接届く。

任正非はかつて、ファーウェイ首席経営科学者の黄衛偉《ホアンウェイウェイ》教授とマネジメントについて意見交換を行っているが、黄教授から熱力学第二法則に関する話題が出た際にこう話している。「**自然科学と社会科学には同じ法則があります。企業についていうと、企業が発展する自然の法則も、エントロピーが低いほうから高いほうへと徐々に向かう中で乱れが生じ、発展の力を失っていきます**」。エントロピーとは本来、熱力学第二法則の概念であるが、任正非は企業発展の道の研究にも用いている。ファーウェイの発展は偶然によるものではなく、任正非の創造的なマネジメントの思想と戦略が決定的な作用を果たしているのだ。この点を理解すれば、任正非がなぜ常に「ファーウェイ」と「滅亡」という2つの言葉を関連づけて使うのかがわかるだろう。

任正非は言う。**企業が生き残りを望むなら、逆向きに仕事をするべきだ。エネルギーを低から高へと上げていき、ポテンシャルエネルギーを増加させれば発展できる。**こうして十分に蓄積されたファーウェイの理念が誕生したのだ。

人は本来の性質として、休んだり心地よいことを追求したりするものだが、これで企業はどうやって発展するのだろうか。そこでファーウェイでは奮闘者が基礎、苦労と努力を重ねるという理念が生まれた。任正非はまさに人間性に対する洞察によって、従業員の活力と創造力を刺激し、そこから持続的に発展する企業の活力を得ている。

熱力学第二法則は孤立系の法則である。熱的死を回避する方法の1つは、散逸構造をつくり上げることである。

散逸構造とは熱平衡状態から遠く離れた開放系を指し、物質やエネルギーを外界と交換し続ける過程において、内部の非線形動力学の原理によって、もとは無秩序だった状態が秩序ある構造の状態に変化するものである。

任正非は、すでに2011年の社内マーケティング大会で、このように話している。

会社が長期的に推進するマネジメントの構造とは散逸構造です。我々は持っているエネルギーを必ず散逸させるべきです。散逸によって我々は自ら新たな生を獲得することができるのです。では、散逸構造とは何でしょうか。毎日ランニングして身体を鍛えること、それこそが散逸構造です。体内エネルギーが多ければ、それを散逸させて筋肉に変化させられるからです。そうすれば強力な血液循環を持つことができます。エネルギーを消耗しきったら糖尿病にもなりませんし、肥満にもなりません。身体もほっそりとし、美しくなります。これこそ最も簡単な散逸構造です。

では、なぜ我々は散逸構造を構築するべきなのでしょう。我々は会社に忠誠を尽くしている、そうみなさんは言います。ですが実は、会社が支払っているお金はかなりのものでして、会社として言わせてもらうと、これを続けられるとは限らないのです。ですから我々はこういった愛社精神を散逸させて、努力する者を登用し、ワークフローを最適化することで会社を強固にしてきました。努力する者はリスクを払ってからリターンを得ています。リターンを得てから忠誠を誓うということとは違います。我々は潜在的なエネルギーを散逸することで、新たなポテンシャルエネルギーを形成していくのです。

エントロピーの減少を果たし、リフレッシュし続けるためには、散逸構造が必要である。だが散逸構造を構築するのはたいへん苦しい。その過程は人間性と真逆の働きであるためだ。人間性は永遠に自由を好むものである。

ファーウェイが2015年に発表したバレリーナの足もとの写真を使った広告は、2018年12月にファーウェイCFO（最高財務責任者）の孟晩舟《キャシー・メン》が限定的に保釈された後（孟晩舟は任正非と最初の妻との子。2018年12月1日に国際金融取引での詐欺容疑によりカナダで逮捕、同11日に保釈された）、SNSで無事を報告した際にも用いられた。この広告写真には有名な哲学者ロマン・ロラン（1866～1944年。フランスの小説家・思想家。代表作は『ジャン・クリストフ』。ノーベル文学賞受賞）の名言「真の偉大さは喜びの中でも苦難の中でも楽しむ力があることで見分けがつく」が記されている。

孟晩舟が選んだこの写真は、アメリカの写真家ヘンリー・ルートワイラーによるバレリーナの足もとを写した作品である。このダンサーはアメリカのトップクラスのバレエダンサーで、彼女は幼い頃から20年以上も努力を続け、ついにトップの座を掴んだ。写真はスタジオでの休憩中にルートワイラーが収めた1枚である。ルートワイラーはこのダンサーを20年間撮り続け、無数の美しい写真があったものの、いずれも大きな賞を受けたことがなかったそうだ。彼女の片足はきれいなトゥシューズを履いていて、完璧で美しいが、もう片方の足は何も履いておらず、傷だらけである。この両足の対比は、バレエダンサーの美の極致とその背後の苦難を十分に表現していて、話題になった。

仏教では「衆生《しゅじょう》は果《か》を畏《おそ》れ、菩薩は因《いん》を畏《おそ》れる」（凡夫は悪報を受けることを危惧するが、菩薩は悪因をつくることを危惧する、の意）というが、ファーウェイの一連の自虐的ともいえる変革方法は、「果」

（悪報＝悪事に対する報い）を表すものであり、「因」（悪因＝悪い結果をもたらす原因）ではない。「因」は「エントロピーの減少」である。ファーウェイを観察し、ファーウェイに学び、「エントロピーの減少」という人に知られない視点からそれを理解したとき、任正非が懸命に「之」の字型の発展（詳細は次項）を続ける理由がはっきりとわかるだろう。

真の偉大さの背後には必ず苦難があるのだ。

12 「之」の字型発展法とは

組織の変革は点から面へ、幹部は配置転換で育成

【任正非語録】

片聯《ピエンリエン》＊は歴史的に重要な任務を担っています。幹部に対する「之」の字型成長制度を強化し、実践で成功した人物の中から優秀な幹部を選抜し、地方主義を排除して、部門の利益至上主義を捨てなければなりません。ここ数年、人材の流れが悪くなっている原因はまさに地方主義、部門の利益至上主義に阻まれていることにあるのです。こういった文化が事務所と現場をちぐはぐな状態にしています。2つの派閥ができてしまったら、ファーウェイはいずれ分裂するでしょう。会社の前途も手遅れになります。凝り固まった考えを捨てて、幹部の流動を強化すべきです。これは非常に重要な任務です。片聯はこの歴史的な時にこの任務を担わなければなりません。

最近、私は中国における空母の乗組員の人選方法にとても啓発されました。空母の乗組員に選ばれたのはみな「クレイジー」な人たちでした。変わり者でなければ採用しない、ということではありません。選ばれたのは生涯空母一筋で、献身的な精神を持つ人たちでした。さもないと、10年働いて転職してしまえば、大切に培った経験もすべて無駄になってしまいます。アメリカで

は空母の艦長を選ぶ際、必ず「之」の字型の成長路線を選ぶそうです。我々は制度の構築を強化し、実践で成功した人物の中から優秀な幹部を選抜しなければなりません。幹部の流動は有力な作戦チームを形成し、優秀な人材を選抜して戦場に送り込むためなのです。

＊エリア連合会議の略。中国語の正式名称は「片区聯席会議」。

出典：エリア連合会議労働組合での任正非のスピーチ、２０１３年5月17日

中国は悠久の漢字文化を有する国だ。英知を最も備えた代表的な文字を選ぶとしたら、「之」という字はそのうちの1つだろう。なぜなら簡潔にして明瞭、それでいて含蓄が深く、趣があり、東洋文明独特の奥ゆかしくてしなやかな風格があるからだ。その字形から「之」は折れ線型であり、これに相対するのは煙突型だということがわかるだろう。

東晋《とうしん》時代〔３１７〜４２０年、長江下流の江蘇《こうそ》省南部から浙江《せっこう》省北部にかけての江南《こうなん》地方に建国された王朝〕の著名な書家、王羲之《おうぎし》の代表作「蘭亭序《らんていじょ》」は全編３２４字であり、このうち「之」の字は21回登場する。書の創作において、所作が同じ字の書き方は難易度がきわめて高く、一篇の書の中で同じ字を21回書くのは至難の業である。だがこれは「書聖」王羲之にかかれば何のことはない。彼の書く「之」の字にはどれもよさがあり、文中に現れる形はそれぞれ異なっている。

任正非率いるファーウェイはいくつもの荒波を乗り越えてきたが、彼はこの「之」という字を何よりも好んでいるうえ、ファーウェイの経営管理において「之」という字の運用は神業の域である。

たとえば、任正非は、幹部は「之」の字型路線で進むべきで、煙突型に昇進した幹部を抜擢してはならず、また、ファーウェイの変革は必ず「之」の字型であるべきで、「一律に」変革を行ってはならないと要求している。

任正非はなぜ「之」という字を好むのだろうか。

リーディング企業というのは、F1レーサーが最高時速350キロで颯爽と駆け抜けるのではなく、ベテラン運転士がチャンスとリスクに満ちた荒野を、積み荷を満載した列車で全力疾走するようなものだからだ。経営者が、列車は各車両に動力機関を持つ動車《ドンチャー》〔動力車〕であってほしいと願っても、たいていは旧型の「緑皮車《リュウピーチャー》」〔1980年代頃まで使用されていた、在来線の普通列車。車体が深緑色に塗装されていたためこの呼称がある〕であり、せいぜい先頭車両の動力で引っ張ることしかできない。

しかも列車なら途中停車できるが、企業は止まることができない。問題があっても走りながら解決していくしかない。いったん成長が止まってしまうと、普段なら問題として認識されない事柄が全面的に爆発してしまうからだ。この意味を理解できれば、任正非がなぜ保守的な変革派なのかがわかるだろう。持続的な成長を維持するためには、すべての変革を穏やかに行い、絶えず調整する必要がある。毎回の手術では5%だけ切除し、ほかの95%には手をつけないのだ。

私は任正非が率いるこの方式を**「之」の字型発展法**と命名している。「之」の字型発展法は外側と内側という2つの切り口から見ることができる。

外側の切り口は、横軸と縦軸からなる。

横軸の要素は「知る」と「する」で構成され、共通のコンテクストを構築することと、共同で行う作用によってそれぞれ支えられている。縦軸の要素はこの列車の2つの鍵となる役——先頭車両とそれ以外の車両——からなり、先頭車両は企業の経営者、それ以外の車両は従業員である。

内側の切り口は、「之」という字である。共通の目標に焦点を当て、企業は「経営者が知る→全員が知る→テストする→全員でする」というルートに沿って進行する。

多くの企業は変革の際、「経営者が知る」から「全員でする」の間に軌道の切り替えがなかったために失敗した経験があるだろう。つまり「之」の字型発展法のモデルでいう内側の切り口が「経営者が知る」から直接「全員でする」へ飛んでしまい、「全員が知る」と「テストする」が省略されてしまうのだ。そのため、失敗の確率がきわめて高くなるのである。

例として、私たちが細かく観察したある現象を挙げよう。ある経営者が、外部から新たな方法を発見して突然開眼した。翌日、全員に新たな方法でやることを要求したところ、内部の基本的なビジョンが一瞬で混乱してしまった。企業は列車である。列車は歯車によって前進するもので、会社のオペレーションというのは、複数の歯車による協働で成り立っている。会社全体が時計回りであったところを、経営者が反時計回りに転換したいと思っても、この指令を大きな歯車から中ぐらいの歯車へ、さらに小さな歯車へと徹底して完成させるには相当の時間を要する。大きな歯車をやみくもに強く回しても、結果的に行き詰まり、止まってしまう。最小の代償で順調に転換するには、小さな歯車から方向転換を始めることだ。この過程において「全員が知る」と「テストする」は必ず通る道である。

企業のマネジメントの変革も、人材の成長も同じことだ。

仮に、研究開発、財務のマネジャーの経験があり、またビフォーサービスや、第一線でプロジェクトに携わったことがある、経歴豊かな人物がいたとする。そういう人物であれば問題に遭遇したとき、あらゆる面から考えて、エンドツーエンド、すべてのワークフローからその問題を考えることができるだろう。だが、ある部門の中でずっと同じ業務にあたっていた人物、たとえば、研究開発部門という1つの道で成長してきたとしたら、その思考は限定的で、問題に遭遇してもセクショナリズムの思想が出やすくなり、自分が成長してきた分野の重要性をことさら強調するだろう。それは、その人がその分野だけを熟知していて、それ以外の分野は直接ダチョウ・アルゴリズム〔危機や困難に遭遇したとき、ダチョウのように頭を砂の中に突っ込んで、問題がないふりをすること。その問題はめったに発生せず、対処するにはコストがかかるので無視するという対処方法。もとはＩＴ用語〕を使って知らぬふりをするからで、これでは必然的に組織の発展が不完全なものになる。

こうした問題が起きないように、ファーウェイでは、将来的に凝り固まってしまう可能性のある幹部は流動的にして、有力な作戦チームをつくることを常に要求している。任正非は言う。「幹部と人材が流動的でないと、思考が凝り固まって、事務所と現場がちぐはぐな状態になります。そうなればファーウェイはいずれ分裂するでしょう」。そのため、任正非はファーウェイのエリア連合会議は形式にこだわらず、実務経験で成功している人材の中から優秀なエキスパートおよび幹部を選抜することを求めており、優秀で、広い視野を持ち、意志が強く、品行方正な幹部が「之」の字型成長路線を歩むことを推進し、大量の高級指揮官軍団を育成している。

ここまで、組織の健康的な発展という視点で見てきたが、幹部個人の成長という視点から見ても「之」の字型の経験は必須である。任正非本人の成長がまさに1つの例だ。

ファーウェイの創業時、任正非はすでに44歳であった。人生の苦難を経験した彼は、帥才《シュアイツァイ》〔軍隊を統帥する才能のある人〕、将才《ジァンツァイ》〔大将の器である人〕は、才能、経歴、心理面の資質等がすべて揃っていなければならないことを、よく理解していた。そのため、30年に及ぶファーウェイ経営のプロセスにおいて、「坐火箭《ヅォフォジエン》」〔「ロケットに乗る」の意で、高速でまっすぐに上昇すること〕式に高いポストに就いた人材を嫌い、各クラスの事業ユニットの主任にはエンドツーエンドの「作戦」経験のある人物を配置するよう要求し、煙突型昇級の幹部の抜擢に強く反対している。

エンドツーエンドとは、「之」の字型発展路線を歩むことである。そのため、業績を上げている従業員は頻繁にさまざまな職場に異動になるだろう。たとえば、研究開発からマーケティング、財務からサプライチェーン、営業からサービスといった具合である。そうなれば幹部の目に止まったも同然だ。会社はその従業員に、エンドツーエンドの経験を積ませているのである。

ファーウェイは幹部の「之」の字型育成ストラテジーを拠り所として、物事を大局的に見ることができる幹部を大量に擁している。これは将才ある者が「驕嬌《ジアオジァオ》（うぬぼれと苦労知らず）」で戦功を立てることを回避し、任正非のグローバルな配置を真の意味で実現し、ファーウェイのグローバル戦略のために最も競争力のある人材の層を厚くするものである。

偶然にもよく似た例がある。広州の上空から広州図書館の新館を見下ろすと、全体の造りがまさに「之」という字の型になっている。それは世の荒波を乗り越えてきた任正非が、人間性を深く観察して、「之」という字を好むように、大道《だいどう》は至《いた》りて簡《やす》し！　ここで私は、現代中国の著名な哲学者で『中国哲学史』の著者である馮友蘭《フォンヨウラン》氏の名言を思い出した。

「どんなに行く価値のある場所であっても、近道はない」

13 韓《かん》信《しん》と阿《アー》慶《チン》嫂《サオ》

真の偉大さの背後には必ず苦難がある
――立派な人間は股くぐりの屈辱にも耐え得る

【編者解説】

ファーウェイ初代ＨＲＤ（人事部のトップ）の張建国《ジャンジェングオ》＊がファーウェイ創業初期の頃を回顧して、おもしろい話をしてくれた。「任正非は我々に人生について話してくれました。彼が最も崇拝してやまない人物はたったの２人です。１人は韓信で、彼は股くぐりの屈辱に耐え、最終的には大将軍となりました。もう１人は阿慶嫂です。彼女は機転のきく人物です」。

＊張建国、１９９０年ファーウェイ入社。ファーウェイ元副総裁、ファーウェイ初代ＨＲＤ、ファーウェイの人事マネジメント体系構築の全工程を主導、２００４年、中華英才網総裁に就任

任正非は、しばしば歴史上の人物や文学の登場人物の中から、ファーウェイの従業員に学んではほしい手本を探し出す。ファーウェイの創業初期の頃には韓信《かんしん》と阿慶嫂《アーチンサオ》という2人の人物をよく引き合いに出していた。

韓信（?～前196年）は中国の歴史上、傑出した軍事家で、前漢《ぜんかん》（前206～後8年）開国の功臣である。劉邦《りゅうほう》は韓信の助けのもと、西楚《せいそ》の覇王《はおう》・項羽《こうう》を打ち破り漢王朝を建設した。韓信は幼い頃に両親を亡くしたため、釣った魚を売ったり、生糸を洗う仕事をしたりしている老女の施しを受けながらやっとのことで生活していて、周囲の人たちから差別と冷遇を受けていた。

ある日、韓信は土地のならず者から因縁をつけられ、そのうちの1人、肉屋の男にこう言われた。「おまえは馬鹿でかくて、いつも剣を提げているが、肝っ玉は小せえんだろう。度胸があるならその剣で俺を刺してみろ。できねえなら俺の股の下をくぐれ」。韓信は多勢に無勢、ここで男を刺しても自分が損をするだけだと考え、大勢の人たちの目にさらされながら肉屋の股の下をくぐった。これが有名な「韓信の股くぐり」[1]である。

韓信は、実のところ臆病者ではなく、情勢を見定める英知を持ち合わせていたのである。『易《えき》経《きょう》』「繋辞《けいじ》下」に、「尺蠖之屈、以求信也。龍蛇之蟄、以存身也（尺蠖《せきかく》の屈《くっ》するは、以《もっ》て信《の》びんことを求むるなり。龍蛇《りょうだ》の蟄《かく》るるは、以て身を存《そん》するなり）」（尺取虫《しゃくとりむし》が身を縮めるように、人も一時の不遇があったとしても我慢して、将来の大きな成功に備えるべきである。龍や蛇が身を守るために地中に隠れるように、人もときには一歩退いて、来るべき日に備えるべきである、の意）とあるが、この言葉は我々に「身を縮める」という大きな知恵を戒めとして与えてくれている。

「時務《じむ》を識《し》る者を俊傑《しゅんけつ》と為《な》す[2]（時代の流れを把握して、何ができるかを判断できる人こそが優れた人物（＝俊傑）である）は、試練を経たことわざである。どんな風雲児、英雄豪傑であっても、身を縮めるからこそ伸ばすことができ、強大な勢力となり得るのだ。

阿慶嫂は京劇「沙家浜《シャージァービン》」〔日中戦争期の市井の英雄を称える作品。1963年に北京京劇団が上海オペラを改編し、毛沢東が命名した〕に登場する人物である。劇中、阿慶嫂と刁徳一《ディアオダーイー》、胡伝魁《フーチュアンクイ》の3人が繰り広げる歌の場面「智闘《チードウ》」は見どころで、世に広く知られるようになった。この歌の場面では、阿慶嫂が18人の負傷兵をかくまい、彼らが日本兵や漢奸《かんかん》〔敵（ここでは日本軍）と通じている中国人のこと〕から迫害されるのを防ぐために争いを繰り広げる姿が主に描かれている。

阿慶嫂はか弱い女性だが、冷静沈着で物腰は柔らかく、悪人たちを恐れず、共産党の地下連絡員という身分を隠して茶館[3]の女将になりすます。彼女は臨機応変に知恵を働かせ敵の弱点を捉え、刁徳一と胡伝魁の間の矛盾を利用し、機知に富んだ応対で緊迫した複雑な戦いを展開するが、ついに危機を脱して18人の負傷兵を安全に移送することができたのである。

ファーウェイ創業初期の頃の競争相手は少なくとも200社はあった。ファーウェイはリソースがたいへん少なく、力も弱かったため、業務を展開する際に度重なる困難に遭遇していた。ある市場の従業員は競争相手の強烈な圧力という屈辱に耐え切れず、ファーウェイを離れていった。またある市場の従業員は技術畑出身で、顧客を相手にするのが苦手だった。彼は強大な競争相手との正面衝突に際して臨機応変に対処する能力と巧みな計略に欠け、いつまでも市場の局面を打開できなかった。

任正非はファーウェイの幹部とマーケティング部門に対して、韓信と阿慶嫂に学んでほしいと願っている。つまり韓信の不本意ながらも折り合いをつける姿勢を学び、自らのポテンシャルエネルギーが足りないときは股くぐりの屈辱に耐えられるようになること、また、阿慶嫂の柔軟な対応の仕方を学び、結果と大局を重視することである。

私は「ファーウェイマネジメントの道」の講義を300回あまり行っているが、受講者である企業家から、どの文章を読めば系統的に任正非を理解できるかとよく聞かれる。私は任正非が書いた2つの文章――2001年の初めに書いた「私の父と母」(原題：我的父親母親)と、2011年の年末に書いた「春の水は東へ流るる」(原題：一江春水向東流)――を一読することを勧めている。

前者ではファーウェイ創業までの44年間の経歴、後者ではファーウェイ創業後25年間の経歴が自伝的に述べられており、2つの文章をつなげると任正非の「今までの」主な経歴となる(「今までの」というのは、任正非は古い決まりごとを打ち破るのを好む人物だからである。御年75歳になるものの、気持ちの上では30歳未満。おそらくこれからも多くの新しいことをやり続けるだろう)。私はこの2つの文章を繰り返し読み、「屈辱に耐えて重責を担うことは、人類の最も偉大な美徳である」、「真の偉大さの背後には必ず苦難がある」ということについて深く理解することができた。

2018年12月1日、カナダ警察当局はバンクーバーの空港で、任正非の娘であり、ファーウェイCFOの孟晩舟《キャシー・メン》の身柄を拘束した。この事件でファーウェイは危機的状況に陥った。その後の半年間、任正非はこれまでにないほど高い頻度で国内外のメディアに対して会見を行ったが、このうち2019年4月13日にアメリカCNBCのインタビューを受けた際の内容に、私はひどく心を揺さぶられた。

「我々は会社の設立以来、努めて謙虚に振る舞ってきました。[4] 我々は自分たちのことを傲慢だと思ったことはありません。どんな国家の法律、どんな国家の技術よりも優位に立てるなどと思ったこともありません。法を遵守しなければ、1日たりとも生き延びられないでしょう」

どこの企業の経営者が進んで謙虚に振る舞い、それを30年間も守り抜いているだろうか。ここに、ビジネスリーダーとして傑出した人物と、普通のビジネスマンを区別する鍵があるのだ。

任正非は一生、政治に関わることはない。ビジネスはビジネス、ファーウェイを発展させて自分の産業報国〔産業を通じて国に報いること〕の夢を実現させたいという一心だけである。

注

1 「韓信の股くぐり」のエピソードは『史記』「淮陰侯（わいいんこう）列伝」に掲載されている。

2 『三国志』「蜀（しょく）志・諸葛亮（しょかつりょう）伝」の注に引く『襄陽記（じょうようき）』の記述から。原文は「時務を織る者は、俊傑に在り」。この言葉は毛沢東の『新民主主義論』の中でも使われている。

3 古くは8世紀ごろから伝わる、知識人が集うサロンのような存在。1949年に中華人民共和国が成立してからは個人経営の茶館は禁じられ、文化大革命の頃は批判を受けたこともあった。1978年の改革開放政策の導入後は茶館も復活した。

4 原文は「夾着尾巴做人（尻尾を足の間に挟んで対処する）」。毛沢東はこの言葉で子どもたちを戒めていたという。

14 青軍部《せいぐん》

ファーウェイは己にしか負けない
——成長あるのみ、「成功」はない

【任正非語録】

ロンドンに金融リスク管理センター（Financial Risk Control Center、略称ＦＲＣＣ）*を設けて４年が経ち、「青軍」という組織が基本的に形成されました。そして「赤軍」の実習に対して抜き打ち検査や挑戦を行っています。金融リスク管理センターが塀を乗り越えたいなら、より現実的になる必要があります。

次の段階で、「青軍」は戦闘における「赤軍」の勝利をいかにサポートするかを考えなければなりません。「青軍」は「赤軍」に挑戦するだけでなく、「赤軍」よりも優れた方策を出して、コンプライアンスを守りながら製造を行います。こうして初めて、「青軍」の専門性レベルが机上の空論に止まらないことが証明されるのです。

「赤軍」は「青軍」の提案を受け入れなくてもかまいません。「赤軍」は事業の成功という責任を負いながら自主的に決断します。我々が方策を選択していく上で、環境や条件がどれだけ成熟しているかで制約が出てきます。「青軍」が挑戦を提案できるのは、水準です。挑戦すると同時に着地の方策を提案できます。それこそが高い水準なのです。

＊原文「財務風険控制中心」。2013年、財務リスク管理のために設けられた組織。ファーウェイ公式HP日本語版・企業概要「マイルストーン」より。

出典：ロンドンFRCC貿易コンプライアンス聴取会および金融コンプライアンス報告会における任正非のスピーチ、2017年9月13日

「青軍《せいぐん》」とは、その名の通り「赤軍（正面部隊を表す）」に対抗する軍隊のことである。青軍は国際的には「仮想敵部隊」と呼ばれ、模擬戦闘の演習中に仮想敵の役割を演じる部隊を指す。青軍はあらゆる軍隊の作戦の特徴を模倣することができ、赤軍と目的を定めた訓練を行う。青軍の作戦は意表を突くもので、赤軍に大きな脅威を与え、赤軍は常に青軍を相手にすることで戦闘に負けなくなるのだ。

強大な青軍は演習を通して赤軍を進歩させる。中国人民解放軍の部隊はまさにこの「赤」と「青」を対抗させて戦闘力の持続的な向上を図り、将来の実戦で負けることがないようにしている。演習中の青軍の戦法のねらいは赤軍を失敗させることだ。演習を繰り返すことで赤軍により多くの経験と戦法を総括させ、負けた原因を反省させる。こうすることで部隊の作戦水準を向上させるのだ。2011年に組織されてから、青軍は人民解放軍の部隊の砥石となり、赤軍に戦闘の残酷さを認識させ、すべての赤軍からは畏敬の念を抱かれている。

この優秀な軍隊を率いる満広志《マングァンジー》はまさにレジェンド的な存在だ。満広志は現在、中国陸軍第一青軍の旅団長を務めている。１９７４年生まれの満広志は、中国人民解放軍軍事科学院の国際戦略専攻の修士課程を修了し、階級は大佐である。海外の軍隊事情に明るく、情報化に精通し、統合作戦を理解しており、全軍における優秀な指揮官である。

これまで、中国軍の演習は普通「赤軍が必ず勝ち、青軍は必ず敗れる」という結果であった。満広志は、青軍が狡猾でなければ、赤軍を鍛え上げて試練を課すという目的を果たせないと考えた。満広志が率いる「草原戦狼《ツァオユァンジャンラン》」（直訳は「草原の戦う狼」）と呼ばれる青軍は何度も赤軍に勝ち、圧倒的な勝利を収めてきた。そのため満広志は「六角形の青軍旅団長」と呼ばれている。「六角形」というのはゲームの専門用語で、一般的なゲームにおける人物の６つの属性――攻撃力、防御力、機動力、装備、破陣《はじん》〔ダメージを与えること〕、統率力――がすべて満点で六角形になる。満広志が「六角形」と形容されるのは、各項目の技能がきわめて高く評価されていることを表している。

ファーウェイでは、「青軍」と「満広志」は頻出語で、ファーウェイの従業員に広く認知されている。ファーウェイは自ら変革を推進する文化を持つ会社である。任正非は強い危機意識を持っており、過去30年あまり良好な業績を上げているものの、挑戦や危機にも絶えず直面してきた。平穏なときに非常時の備えをせず、成功してもクリアな頭脳を保てず、即座に自己批判ができなければ、将来ファーウェイは自分自身に負けるだろう。まさにこの点を意識して、任正非は戦略の決断ミスによりもたらされる巨大なリスクを回避するために、ファーウェイ戦略マネジメント部に最も神秘的なチーム――ファーウェイ「青軍」部を設けた。

ファーウェイ青軍部の職責は、赤軍が執行する戦略と方策に対抗することで、いかにしてファーウェイを「打倒」するかを考えることだ。青軍チームはさまざまな角度から赤軍チームが策定する戦略や技術発展路線を観察し、逆転の発想で赤軍の製品、戦略およびソリューションを分析して、弱点を見つけ出す、あるいは仮想競争相手のストラテジーで赤軍に対抗する。

ファーウェイの第一線のチームでは、毎年さまざまな形式の赤軍、青軍による対抗試合を行うが、その目的は第一線従業員の作戦能力を向上させることにある。通常、青軍と赤軍の対抗は数か月間かけて討論を行うもので、この期間内、青軍は論証の入念なリサーチと分析をもとに、赤軍を攻撃し続ける。双方の論争がひと区切りした頃、任正非がファーウェイの戦略としてどの路線を選択するかを決定する。任正非自身は青軍の価値をたいへん重視しており、「出世したいなら、まず青軍へ行きなさい。赤軍を打ち負かすことができなければ、指揮官にはなれません」と言っている。

青軍はファーウェイの社内フォーラム「心の声コミュニティ」に頻繁に投稿して赤軍を攻撃し、その時点における非合理的なやり方を存分に暴露し、赤軍に速やかな改善を促す。青軍は各業務部門と直接対決すること以外に、任正非に対して直接批判を出した最初のチームでもある。このうち、

2018年4月にファーウェイの「青軍」部長である潘少欽《パンシャオシン》が任正非を批判した「深すぎる、細かすぎる、急ぎすぎる、勢いが強すぎる……ファーウェイ青軍が任正非の10の大罪を批判する」という文章は業界でもよく知られている。

この文章の中で、潘少欽は任正非本人の「勢いが強すぎる」ことから会社のさまざまなマネジメントの非合理的な制度まで「任正非10の大罪」を総括した。その内容は非常に率直で、徹底している。

1. 勢いが強すぎて、指導が深すぎる、細かすぎる、急ぎすぎる。
2. 新しい技術、新しい事物への否定が早すぎる。
3. 価値分配メカニズムが非合理的で、「一律処理」が多すぎる。
4. 極端に中庸で、妥協しすぎる。
5. 幹部のマネジメントが複雑すぎて、リスクが大きく、効率が悪い。
6. エキスパートを重視していない。エキスパートの価値が矮小化されている。
7. 役員の海外経験を過度に強調している。
8. 「報告」内容を過度に強調している。
9. マネジメント思想の要求の多くは実用的ではない。
10. 戦略予備隊とリソースプールが混在している。

実際、ファーウェイでは青軍の思想が各方面に存在するが、これはファーウェイの自己批判文化のスタイルである。いかなる分野、いかなるワークフロー、いかなる時間、いかなる空間にも「赤軍、青軍対決」がある。もしある組織に反対勢力が現れても、悪意を持って誰かを仲違いさせ、不当な手段を取るのでなければ、組織は彼らを受け入れて理解しさえすればいい。

「百花斉放《ひゃっかせいほう》、百家争鳴《ひゃっかそうめい》（多彩な文化を開花させ、多様な意見を論じ合う）」〔1956～57年にかけて毛沢東が共産党への批判を歓迎するために提唱した運動にちなんだ言葉〕があれば、従業員の理性と分別が真に発揮できるのである。従業員の雇用というのは、彼らの労働時間を確保したいというだけではない。彼らの素晴らしい才能や知恵、大きな貢献を会社の発展に生かしてほしいという期待でもあるのだ。

15 タイタニック号

「ファーウェイの冬」と「北国の春」
——憂患《ゆうかん》に生き、安楽《あんらく》に死す

【任正非語録】

ある日、会社の売上高が落ち込み、利益が下がり、しまいには破産となったら、我々はどうするのか。こういうことをすべての従業員が考えているかどうか。ファーウェイの平和な時間は長すぎましたし、平和な時代に多くの人を昇格させすぎました。これこそが我々にとっての災難なのかもしれません。

タイタニック号も歓声の中で出航しました。私はいつかこういう日がやってくると信じています。このような未来と向き合い、どう処理すべきか考えたことはあるでしょうか。多くの従業員は何の疑いも抱かずにうぬぼれ、楽観視しています。どう処理していくのかを考えている人が少なければ、その日はすぐにやってくるでしょう。平穏なときでも災難に備えるべきであって、故意にみなさんを驚かせているのではありません。

出典：「ファーウェイの冬」冒頭、任正非、2001年2月

これは業界に大きく取り上げられた任正非の文章「ファーウェイの冬」の冒頭である。ここにはファーウェイの前途に対する任正非の懸念が溢れている。「ファーウェイの冬」発表後ほどなくして、任正非は2001年4月の「北国の春」という文章の中で再度このように述べている。

ファーウェイが過ごしてきた平和な時間は長すぎました。平和な時代に多くの人を昇格させすぎました。これこそが我々にとっての災難なのかもしれません。タイタニック号も歓声の中で出航しました。多くの従業員は何の疑いも抱かずにうぬぼれ、井の中の蛙よろしく、たまたま一部の製品で欧米企業をリードしているのを見て、ファーウェイは世界をリードする水準になったと勘違いしています。彼らは世界の一流企業に内包されるものをまるで知りませんし、世界の発展のトレンドや他人が明かしたがらない潜在的な成功を知りません。我々の中の一部の人たちは立ち上がったこともありません。少し立ち上がっただけで短絡的に楽観し、うぬぼれています。ファーウェイはこの面で若くて、幼稚で、未熟なのです。

この二度の発言において、任正非はいずれも「タイタニック号」という船について特に言及している。

客船タイタニック号（RMS Titanic）はイギリスのホワイト・スター・ライン社が所

有する、オリンピック号〔タイタニック号の姉妹船。タイタニック号とほぼ同時期に建造された巨大客船〕クラスの客船で、１９０９年に北アイルランドのベルファスト港にあるハーランド・アンド・ウルフ造船所で建造された。１９１１年5月に進水し、１９１２年4月2日に竣工、試運転を行った。タイタニック号は当時世界最大のトン数を誇る最も豪華な内装の客船で、「永遠に沈没しない」という評判を得ていたが、不幸にも処女航海中に災難に見舞われた。

タイタニック号はイギリスのサウサンプトンを出発し、途中フランスのシェルブール＝オクトヴィルとアイルランドのクイーンズタウン（現コーヴ）を経由して、アメリカのニューヨークに向かうことになっていた。１９１２年４月14日23時40分頃、タイタニック号は氷山に衝突して右舷の船首から船の中ほどまで穴が開き、５区画の防水隔壁が浸水した。翌日の午前２時20分ごろ、船体はまっぷたつに折れて大西洋の底およそ３７００メートルの海底へと沈んでいった。乗客および乗務員２２２４名のうち１５００名以上が亡くなり、犠牲者のうち３３３名の遺体が収容された。タイタニック号沈没事故は平和だった当時において、死者数が最大の海難事故である。

映画『タイタニック』はアメリカの映画会社20世紀フォックスと、パラマウント映画が制作したラブストーリーである。映画は１９１２年、処女航海中のタイタニック号が氷山に接触して沈没した事件を背景に、異なる階層にある２人―貧しい画家のジャックと貴族の娘のローズが世間の偏見を捨てて恋に落ちる姿が描かれ、最後はジャックがローズに生き残る機会を託すという感動の物語である。映画は１９９７年12月にアメリカで上映され、１９９７年12月18日に香港で、１９９８年４月には中国本土で上映された。

映画『タイタニック』によってタイタニック号は誰もが知るところとなったが、この「永遠に沈没しない」と呼ばれた当時最大の、最も近代的で贅の限りを尽くした豪華客船の沈没は、我々にジャックとローズの悲恋話を伝えてくれた。だが任正非が注目するのはこのラブストーリーではない。彼はファーウェイの幹部と従業員をこう戒めている。

「物極必反《ウージービーファン》（物極まれば必ず反す）」（物事は極点に達すると、必ず反対の方向に転じる、という意味）という言葉を覚えておいてください。このインターネット業界、通信事業者向けの通信設備業界の冬の時代は、暑いところに住む人たちには理解できないのと同じように、とんでもなく寒いのです。予見せず、予防しなければ凍死してしまいます。そのときには、分厚い綿入れを持っている人だけが生き延びられるのです。

任正非の名作「ファーウェイの冬」は２００１年に発表された。２００１年から２００３年はファーウェイの冬の時代で、崩壊の危機に瀕する非常に苦しい時期であった。任正非は当時、心身に重いダメージを受けていたという。このことは、当時の末端組織にいた従業員のほとんどは知る由もなかった。彼らはただ賃金が2～3年上がっていないな、という感覚があっただけだろう。

大多数の人は楽をしたいと考えるが、苦労をともにすることは望まない。当時のファーウェイの人材流出は非常に厳しいものがあった。例を挙げると、ファーウェイに入社する従業員は、入社順に従業員番号が付与される。たとえば、入社時の番号が5000番だとしたら、次は5001番、5002番……といった具合である。ファーウェイには社内限定のアドレスブックがあり、従業員番号に基づいて自分よりも前の入社や、後に入社した人を調べることができる。当時、在職中の従業員はよくここで調べていたものだった。前に入った○人が辞めた、後に入った×人が辞めた、というように大量の人材が離れていった。ファーウェイの冬は何とも極寒であった。

2001年4月、任正非は日本へ渡った。プライベートでの変化と業界の冬に向き合うため、また自身は心に病を抱え、日本へ行って「生き延びる」答えを探そうとしたのだ。そして「北国の春」という強いメッセージ性のある文章を記したのだった。任正非は日本の松下電工（現パナソニック）を視察した際、1枚の絵に強く心を揺さぶられた。

松下電工ではオフィス、会議室、廊下の壁に至るまで随所に絵が掛けられていた。絵は今まさに氷山に衝突しようとしている巨大な船で、その下にはこう書かれていた。「この船を助けられるのは、あなただけです」。会社の危機意識を窺い知ることができるだろう。ファーウェイでは、我々の冬の意識はこんなに強烈だろうか。末端組織にまで行き渡っているだろうか。個人個人は行動できるのだろうか。氷の海に沈みゆく船を助けるのは唯一、自分の会社の従業員だけだと、松下電工がはっきりと示しているように、ファーウェイを助けられるのも、ファーウェイの従業員だけなのだ。救世主などはそもそもいないし、神や皇帝もいない。美しい明日を創造するために、我々は自分自身に頼るしかないのだ。

それから15年後の2016年、任正非は「歩む道に花は咲いていない」（次項参照）と題したスピーチの中で、再びタイタニック号について言及している。

タイタニック号が歓声の中で出航したのは、ファーウェイの今日と何とも似ています。慣性によって、ファーウェイは今後3年から5年は急速に成長するでしょうが、それから先はどうでしょうか。100年前にタイタニック号が建造された町、ベルファストは産業革命でどれほど繁栄したことでしょう。ピッツバーグ、デトロイトもかつては世界経済の中心でしたが、時間の経過につれ、世の中はすっかり変化してしまいました。「三十年河東、三十年河西[2]（世の中の物は常に変化するの意）」といいますが、ファーウェイも30年です。死にたくなければ、自己改革をし、組織を活性化し、血の流れをよくし、青春の活力をみなぎらせなければなりません。

任正非はタイタニック号というこの客船を通して輝かしい成果の背後にある危うさ、成功の後の危機を見て、「転ばぬ先の杖」の危機意識を社内に広めようとしている。ファーウェイには幸いにもこのような冷静なトップがいる。みなが気落ちしているときには励ましの言葉をかけ、得意になっているときには冷や水を浴びせる。まさに任正非がリーダーであるからこそ、ファーウェイという巨大な船は平穏に30年間も進んでこられたのだ。

孟子は「生於憂患、死於安楽（憂患《ゆうかん》に生き、安楽《あんらく》に死す）」――（人は悩みごとや苦痛があるほうが、それを乗り越えようとして慎重に行動するので長く生きられるが、安楽に暮らしていると気が緩み、行動が軽率になり、かえって早死にするという意味）と言っている。米中貿易戦争は、一方でファーウェイに巨大な発展の機会をもたらしたが、もう一方ではファーウェイにより大きな暗礁と氷山に向き合う可能性をもたらした。解決の道について、任正非もすでに明確な答えを出している。

世界の大きな潮流の中で、我々は危機意識とプレッシャーを個々人に与え、それぞれのワークフローやポイントで効率を高め、コストを低減し続けさえすれば、生き延びる希望ができるのです。

注

1　出典は『呂氏春秋』「博志」の「全（まった）ければ則ち必ず缺（か）け、極まれば則ち必ず反す。

2　昔、黄河は頻繁に川筋を変えたため、何十年かすると、もともと川の東側だったところが西側に変わったことから。出典は清・呉敬梓『儒林外史』。

16 赤い靴

歩む道に花は咲いていない──足もとを固めることが肝要*

*原文は「冷板凳要坐十年」。１９９６年、任正非が『華為人報』に発表した文章のタイトル「板凳要坐十年冷」がもとと想定される。一足飛びの成功を戒め、なかなか芽が出なくても着実に足もとを固めることの重要性を説いたもの。

【任正非語録】

我々の軍隊は１５００億、２０００億ドルといった目標を掲げて疲弊する必要もありませんし、「赤い靴」を履いて競争に明け暮れる必要もありません。会社がいうこの目標とは、会社の構造の改革、メカニズムの改革、ワークフローの改革を先導することです……将来、正しく到達できたときに適応するために、我々の能力はこれに対応できていなければなりません。ＫＰＩ（重要業績評価指標）のような指標ではなく、コアコンピタンス（競合他社がとうてい及ばないレベルの核となる能力）です。そうでなければ、見てくれはよいが内容の伴わないものになってしまうでしょう。

出典：「歩む道に花は咲いていない」、２０１６年マーケティング年間会議での任正非のスピーチ、２０１６年７月12日

『赤い靴』はデンマークの有名な作家アンデルセン（1805〜1875年）が1845年に書いた童話である。170年あまりの間、『赤い靴』は全世界に広く伝えられ、映画や演劇等のさまざまな形式で改編版がつくられている。この童話のあらすじは次の通りである。

とてもきれいで、人を魅了する赤い靴があった。娘たちがその靴を履いて踊ると、軽やかで活力がみなぎる感じがした。そのため、娘たちは赤い靴を見ると目を輝かせて、誰もがこの靴を履いて踊りたいと思った。だが伝説ではこの赤い靴には魔法がかけられていて、それを履いた者は自分の精力を使い果たすまで、永遠に止まることなく踊り続けるのである。

ある日、踊りが大好きな若い娘がこの赤い靴の魅力に我慢できなくなり、家族の忠告も聞かずにこっそりと赤い靴を履き、踊り始めた。案の定、娘の踊る姿は軽やかで優美で、活力に溢れていた。人々の喝采の中で娘は満ち足りて、疲れも知らずに踊り続けた。いつのまにか夜も更け、娘が踊る姿を見ていた人たちも家に帰ってしまった。娘も疲れてきて、踊るのを止めたいと思ったが、赤い靴の魔法によって足を止めることができず、踊り続けるしかなかった。翌日、朝日が昇る頃、人々は娘が静かに青々とした草地に横たわっているのを発見した。娘の両足は真っ赤に腫れ上がっていて、その傍らには永遠に踊り続ける赤い靴が落ちていた。

私たちはこの娘の運命に同情すると同時に、こう考える。企業も知らず知らずのうちに「赤い靴」

を履いていやしないだろうか？　我々は売上高、利益、市場シェア、競争相手に勝つこと等を追求するあまり、顧客のために価値のある製品とサービスを提供することが企業経営の真の目的だということを見落としていないだろうか？　やみくもに大きな事業を追求しないことこそが、持続可能な生存の道であるということを見落としていないだろうか？　真の戦略に基づいた外堀を地道に構築するということを見落としていないだろうか？

企業家がその企業の生き残りと発展の主導権という問題を認識しようとするとき、任正非は「企業は赤い靴を履いてはならない」と訴える。任正非はこの童話を例に用いることで、ファーウェイのすべての従業員を戒めたいと考えたのだ。そのため、ファーウェイの総裁で顧問の陳培根《チェンペイゲン》教授は『華為人』に文章を寄稿した。「我々が現在考えているのは企業がどうやって利益の最大化を実現するかではありません。企業がどうやって生き延びるか、どうやって企業のコアコンピタンスを高めるかを考えているのです」。

企業家の最も重要な責任とは、企業に魅力的な赤い靴を探させることではなく、将来的に生き残る方法を探させることである。企業の生き方は独特なコアコンピタンスで顧客が必要とする真の価値を創造することである。企業のコアコンピタンスは顧客のニーズと市場によって決定されるため、実際はビジネスエコシステムの変化に機敏に反応でき、企業を生存させる能力である。このような能力も、すべてのプロのマネジャーが必ず持ち合わせていなければならない。企業家とプロのマネジャーは、いかなるときでも、企業がその戦略意図を堅持することをサポートしなければならず、各方面からの誘惑に対して一貫してクリアな頭脳を保ち、企業に赤い靴を履かせないことによって、生き残りと発展の主導権をしっかりと掌握するのである。

こういう視点から考えると、ファーウェイがなぜ非上場を守り抜いているのかを理解できるかもしれない。資本とは利益を追求するものであり、多くの資本は短期のリターンを望むものである。もしビジョナリー・カンパニー〔時代を超えて、同業他社から尊敬されるような会社のこと。アメリカの経営コンサルタントのジム・コリンズによる同名のシリーズ著作から〕を追求する企業が上場したら、短期的な利益を犠牲にして戦略を投入し続けなければならない。そうすると、短期収益と長期収益の間に矛盾が生まれるだろう。仮にファーウェイが上場し、毎年販売収入の10~15%を研究開発の一点だけに投入したら、資本市場の株主たちに議決されるのはたいへん難しく、資本はファーウェイが「赤い靴」を履いた状態に変えてしまうだろう。任正非がこの道を選択しないのは、彼がこの時代の智者だからである。

後編

経営の本質への回帰

顧客第一主義

第3章

現在の事業戦略

17 価値こそが要

顧客は誰か？　仲間は誰か？

【任正非語録】

「カスタマーソリューションクラウド」について、1点目はお客様のネットワークを見極めるためのサポートができなければならない、ということです。2点目はお客様のネットワークデータを分析することによって、合理的で先見性があり、細分化されたネットワーク構築の提案を行う、ということです。このサービスをお客様に提案するのは、有用で、推奨できるものだからです。我々の提案によって、お客様の投資はより有効になります。お客様がそれを受け入れれば、製品の購入につながるでしょう。

ある国のお客様は、我々の設備をすべて購入されましたが、経営状況が悪化してしまいました。私はみなさんがただ製品を売っただけで、お客様が利益を上げるところまでサポートしていなかったのではないかと思っています。お客様がどこに投資し、高価値エリアを増やし、低価値エリアをつくらないようにするべきなのか……我々は戦略的にパートナーをサポートし、価値を実現していく必要があります。

出典：「キャリア・ネットワークBGが〝3つのクラウド〟*を構築することで、第一線は戦闘モードに入る」、キャリア・ネットワークBG営業設備の構築アイデア報告会における任正非のスピーチ、２０１５年１月９日

*体験（エクスペリエンス）、知識（ナレッジ）、カスタマーソリューションの３つの分野のクラウドコンピューティングサービスを指す。

私の周囲には、中年になったら起業したいと考えている人が少なくない。だがさまざまな要因のために身動きが取れなかったり、後先を考えて前に進めなかったり、いろいろと分析をするものの、解決すべき最重要課題を見つけ出せない。しかし、起業は戦争ではない。敵に目を向ける必要はなく、ただサービス対象にだけ目を向ければよい。そこから、企業として解決すべき最重要課題——「顧客は誰か？　仲間は誰か？」を探し出すのである。

1. 顧客は誰か？

起業の際、人はビジネスモデルを語りがちで、事業計画書を書く際、ビジネスモデルに関しては大風呂敷を広げる。私がこれまでに見たビジネスモデル論の中で、「マネジメントの父」ピーター・ドラッカーの論に優るものはない。

ドラッカーはビジネスモデルについて、次の４つの問いに答える必要があるとしている。

(1) 企業の顧客は誰か？
(2) 顧客が認める価値とは何か？
(3) 企業の対顧客戦略は、経営戦略とマッチしているか？
(4) 企業は顧客からどんな成果あるいは価値を得られるか？

これら4つの問いから、ドラッカーの視点が慣例的な事業計画書のそれとは大きく異なることがわかる。

一般的に、事業計画書のほとんどは「製品第一主義」であるが、ドラッカーは「顧客第一主義」である。この差異の根本的な原因は、ビジネスの根底となる基本仮説が完全に異なることにある。製品第一主義の場合、ビジネスの基本仮説は企業によって顧客の価値が創造されることである。**顧客第一主義の場合、ビジネスの基本仮説は顧客と企業が共同で顧客の価値を創造することである。**基本仮説は経営行為を決定づけるものだが、多くの企業がファーウェイに学んでも習得できない原因は、ファーウェイの基本仮説を理解していないからだと考えられる。

企業の最大の浪費とは、従業員が勤務時間中にSNSをすることでも、多額の広告宣伝費を投じたのに効果がないことでも、オフィスの高額な賃貸料が無駄だということでもない。**みんながあくせく働き、残業してできあがった製品なのに、誰も欲しがらないということである。**「これこそが我々の顧客だ」と想定し、懸命の努力を重ねた果てに、実は「偽物の顧客」だったということに気づくのだ。

では、本当の「顧客第一主義」とはどのようなものか。多くの従業員は、ファーウェイのコアバリューである「顧客第一主義」の真に意味するものを理解していない。任正非は１つの答えを出している。それは、ファーウェイにお金を出してくれる人を本当に第一に考えるということだ。任正非は言う。

優れたリソースは優良顧客のほうを向くべきです。では、優良顧客とは何でしょうか。我々に多くのお金をもたらしてくれるお客様です。我々に利益をもたらしてくれるお客様のところへは、「少将兼中隊長」を派遣してサービスコストを向上させます。「少将」が持っていくサービスは、必ず「中尉兼中隊長」のサービスよりもよいものです。顧客第一主義であるからには、技術的に狭い考え方を持っていてはなりません。我々は未来の世界がどう変わっていくのかなんてわかりませんし、将来的に誰が勝者で誰が敗者なのかもわからないからです。

では、本当の顧客とは誰なのか。ペインポイント（痛点）から利益を得るのか、ゲインポイント（メリット）から利益を得るのか。本当の消費シーンとはいったいどのようなものか。本当の消費シーンがなければ、本当の顧客はいない。本当の顧客がいなければ、顧客からの本当のキャッシュフローはない。本当のキャッシュフローがなければ、起業は失敗に終わる。

いかにして本当の顧客を探せばよいのだろうか。身近にいる起業家たちがさまざまな方法を探っているのを見て、私が最もよいと思ったのは「体験とイテレーション（反復）」というやり方である。私はこう提案をしたい。完璧を追求する必要はまったくない。初めは低姿勢で、自分が起業したことを顧客に話す。そして「半製品」を顧客に体験してもらい、改善して開発し、さらに体験してもらい、また改善と開発を繰り返すというものだ。これこそファーウェイが新製品をつくる際の勝利の道である。顧客と共同で新しいラボを設立し、本当に誰かが購入することを前提として創造する。顧客が驚くような製品をすぐにつくろうと画策するのではなく、生み出された製品を誰かが購入し続けてくれる。これこそが成功といえるのである。

2. 仲間は誰か？

中国の著名マネジメント研究者、陳春花《チェンチュンホア》教授がインターネット発展の前半戦と後半戦について綿密な論述を行っている。ここに大意を転載したい。

インターネット発展の前半戦には「製品、サービス、チャネル」という3つのキーワードがあった。前半戦では、この3つのキーワードに基づいて行動すればかなり儲けることができただろう。だが後半戦に突入すると、この3つのキーワードだけではやっていけなくなる。後半戦では、さらに3つのキーワード――「提唱、連携、提携」がある。あるいは、「製品、サービス、チャネル」の中に「提唱、連携、提携」という属性を加えるべきともいえる。そうでなければ新たな主力製品がなくなり、ただ誰かの業務を請け負うOEMメーカーとなってしまうからだ。

なぜ、「提唱」が必要なのか。価値が多様化している時代、提唱しなければラベリングされないからである。ラベルがなければ人材を集められず、ともに歩む人がいなくなってしまう。

また、なぜ「連携」が必要なのか。1人の力だけでは、とうてい足りないからである。十数年在職し、蓄積してきた経験をもってしても、目まぐるしい環境の変化には対応できない。真の価値のあるリソースがオフィスになければ、環境の変化に伴って、外部のリソースと連携する必要がある。

最後に、なぜ「提携」が必要なのか。ビジネスの上で友情を温めることは、友情関係でビジネスを行うよりもはるかに信頼できるし長続きするからだ。企業は営利団体であり、真のビジネス上の提携がなければ、友情という小船は少しずつ遠くへと流されていくだろう。

起業仲間を語るとき、たいてい「パートナー」を想像するが、実はそのような狭い概念ではない。より正しくいえば、起業仲間とは、あなたが提唱する価値観に賛同して連携してくれた人のことである。仲間とは、何かを始めるための準備をしているときに、あなたを助けて一緒にポテンシャルエネルギーを構築し、顧客に信頼感を与えてくれる人のことである。あなたが自ら事にあたるだけでなく、仲間は顧客に製品やサービスが持続可能であると感じさせてくれるのである。

業界内の良好で革新的なコミュニティを研究したところ、彼らはみな、志を同じくする起業仲間であることがわかった。たとえば、筆記俠《ビージーシャア》〔さまざまなジャンルの文章を再編集してネット上に掲載するグループ〕は全国に６００名の文章の達人がいる。また拆書幇《チャイシューバン》〔「ＲＩＡメモ読書法」を提唱するグループ。ＲＩＡとは、読む（Reading）、解釈する（Interpretation）、応用する（Appropriation）の略〕は全国に３００名の拆書家《チャイシュージャー》〔ある本を自分の気に入ったところから読んで、それをネット上に報告する人。学習者はそれを読んで学ぶ〕がいる。樊登《パンダン》読書会（Spiritual Wealth Club）〔「1年に50冊本を読もう」を掲げたコミュニティ〕はビブリオバトルを通じて多くの「講書人」〔1冊の本を読んで自分なりに解釈し、制限時間内にその中心的な内容を語るもの。２０１７年に広東衛星テレビでも放送された〕を選出してきた。書享界《シューシャンジエ》のシンクタンクも多くの専門家によって支えられている。仲間がいなければ、最終的に意思こそあるがやる気のない、力不足で思い通りにいかない「偉大なる個人経営者」になってしまうだけだろう。

翻って、ファーウェイが成長を続けているのは、任正非が終始「価値こそが要である」という１点を守り抜いているからである。そうして顧客インターフェースを厚くし、パートナーインターフェースを厚くしているのだ。ビジネスマネジメントのプロセスにおいて、企業は一定の期間ごとに必ず次の２つの問い――本当の顧客は誰か？　本当の仲間は誰か？――に答えなければならない。

18 川底の土砂は深く掘り、堤防は低くつくる

内部のマネジメントを深く掘り下げて、パートナーインターフェースは厚くする

【任正非語録】

「川底の土砂は深く掘り、堤防は低くつくる」は2000年以上も昔の李冰《りひょう》親子[*1]による教訓で、我々に深いマネジメントの啓示を残してくれました。同時代の古代バビロンの空中庭園[*2]や、古代ローマの公衆浴場はもはや跡形もありませんが、都江堰《とこうえん》[*3]は今もなお成都平原を潤し、豊かな穀倉地帯を築いています。それはなぜでしょうか。

李冰は「川底の土砂は深く掘り、堤防は低くつくる」という治水の規範を残しましたが、これこそ都江堰が長く保たれている重要な「秘訣」なのです。ここに含まれている知恵や道理は、治水自体を超えるものです。ファーウェイが長く生き残りたいと願うのでしたら、こういった規範を我々にも当てはめてみるべきです。

＊1　秦の政治家で蜀（しょく）の太守となった。
＊2　古代の世界七不思議の1つとされる大土木建設。

＊3　四川省都江堰市西部の岷江（みんこう）にある水利・灌漑施設。前256〜前251年にかけて李冰が造成を指揮し、その死後は息子の李二郎が引き継いで完成させた。中国古代の一大土木事業。2000年に世界遺産に登録された。
出典：「川底の土砂は深く掘り、堤防は低くつくる」オペレーション&デリバリー部門表彰式での任正非のスピーチ、2009年4月24日

2009年、ファーウェイ内部で大ブームになった言葉がある。それが「都江堰」だ。ファーウェイの経営管理が都江堰から受ける啓発を、みんながこぞって研究したのである。いったいどういうことだろうか。

都江堰とは、中国の戦国時代に李冰親子が築いた治水事業である。2008年に発生した四川大地震の後、任正非は四川省の都江堰へ赴いた。任正非は都江堰の堤防に立ち、歴史的な「魚嘴《ぎょし》」という構造物〔都江堰の堰堤の1つで、魚の口状をしている〕を眺めながら万感の思いにふけっていた。

都江堰は本当に素晴らしい産物だ。魚嘴はとても素晴らしいプロダクトミックスで、2000年あまりの年月を経ているというのに、この構造を変えようと言い出す者は誰もいない。同時代の古代バビロンの空中庭園や、古代ローマの公衆浴場はとっくに灰と化しているが、2000年にわたって都江堰は今もなお成都平原を潤し続けている。

だが魚嘴の構造物は表面が見えているだけだ。さらに深いところにはどんな秘密があるのだろうか。その答えは都江堰の傍らに建つ廟（先人の霊を祀る建物）にあった。これは「二王廟《におうびょう》」と呼ばれ、

李冰親子を祀るために、後世の一般市民によって建てられた。廟の入り口に大きな石碑が立ち、そこには漢字六文字で「深淘灘、低作堰（川底の土砂は深く掘り、堤防は低くつくる）」と書かれている。都江堰をメンテナンスするために李冰親子が残した言葉だ。

李冰親子は、水利工事の構築そのものは難しいことではないが、それを維持しながら運営すること、特に彼らがこの世を去った後、残された人たちがどうやって簡単に運営できるかということこそが、最も難しいことだと考えていた。李冰親子は水利の専門家として、多くの水利工事が最終的に放棄されてしまうのは、上流に沖積した泥に塞がれてしまうためであることを知っていたので、「川底の土砂は深く掘る（深淘灘）」という提案をした。

李冰親子は、毎年の渇水期には都江堰の川底をさらって土砂を取り除く浚渫《しゅんせつ》を行うよう後代の人々に要求した。浚渫が速やかに行われなければ、河床が高くなって災害が起こるからだ。だがこれもただの要求である。人間というのは怠け者だから、泥の浚渫など徹底的に行うわけがない。

李冰親子の素晴らしいのはここである。彼らは泥の浚渫を指示するとともに、「河床の下に石でできた馬を埋めたので、毎年泥を掘り出すときは、そこまで掘るように」という検査のメカニズムまでつくっていた。これらの石でできた馬は明代まで用いられて、ようやく鉄柱に代わった。企業のマネジメントも道理は同じである。企業が内部の「泥」――腐敗、低効率、遅延といったものを掘り出せなかったら、提携パートナーはいなくなるだろう。

また、李冰親子は「堤防は低くつくる（低作堰）」という言葉も残した。「堰」とは堤防のことで、堰を高くして、渇水期に宝瓶口《ほうへいこう》（都江堰の堰堤の1つで、瓶の口状をしている）を増水させるのは禁物だと、後代の人々に注意を促している。それは、目先の利益を得ようとするやり方であり、洪水期に甚だしい泥が堆積し、工事を放棄することになるからだ。堤防の中流が水だとすると、企業の場合は水こそが財産である。人に利益を与えようとしない企業に付き合ってくれる者はいないだろう。

任正非にはたいへん敬服させられる長所がある。それは、いつも自然科学の法則を社会科学の中に移して、実践していることだ。2009年、ファーウェイ内部では李冰親子が2000年以上も前に残した言葉「川底の土砂は深く掘り、堤防は低くつくる」をめぐる文章や議論が展開された。「深淘灘、低作堰」という6文字は、内部のマネジメントには散逸構造を保持し、提携パートナーと従業員には惜しみなくお金を分け与えるという、企業マネジメントの本質を突いている。そうであるからこそ、企業は持続的に発展できるのである。

優秀な企業が優秀なのは、内部のマネジメントに問題がないからではなく、自浄のメカニズムがあるからである。ファーウェイは長期にわたって「自己批判」の展開で名高い会社である。2014年に内部の反腐敗運動を行い（内部調査により116名の従業員が腐敗に関わっていたことが判明）、3・74億元（約60億円）を徴収した。任正非はそれを従業員に均等に分け与えることにし、従業員はそれぞれ2500元（約4万円）ずつ受け取った。こうして「川底の土砂を深く掘る」ことで従業員全体を刺激して、即座にファーウェイの「泥」をさらったのだった。日常のマネジメントにおいて、内部の潜在能力を掘り起こし続け、オペレーションコストを低減させることによってこそ、顧客のためにより価値のあるサービスを提供することができる。幸せはすべて努力によって生み出されるものであり、ファーウェイは「利益の分配制度」を構築することで従業員が常に前を向くよう刺激している。

利益と向き合ったとき、自分の独占欲を抑えられる経営者がどれだけいるだろうか。華人として世界一の大富豪、香港の李嘉誠《レイカーセン》（1928年〜。香港最大の不動産デベロッパー、企業集団・長江実業集団の創設者兼会長。ジャック・マーを育てたビジネススクール「長江商学院」の設立者でもある）が人と協力する際の秘訣はこうだ。もし10％取るのが普通であれば、11％取るのも合理的である。だが彼は9％だけ取ることを選んで、提携パートナーに少し多めに取らせる。ファーウェイが属しているのは高額を投じて研究開発を行い、大量に生産する業界だ。業界内で、ファーウェイは強い価格決定権を持っているが、欲を抑えて、暴利を貪るようなことはしない。

例を挙げると、ファーウェイはこれまで通信設備の製造販売に従事してきたが、設備のオールインターネット化が一定数まで蓄積されたところで、販売サービスに従事することができた。当時、ある主任は、ファーウェイの設備はすでにネットワーク化されているのだから、サービスの価格をもう少し高く設定してもいいのではと提案したが、任正非は即座に、価格を上げる必要はない、業界内の合理的な利益を保てればそれでいいとした。

この決断から、任正非が人間性というものをよく理解していることに、深い感慨を覚えた。曽国《そうこく》藩《はん》（中国清代末期の軍人、政治家。1811～1872年）はこんな名言を残している。「大きな利益が手に入るようなことには手を出さず、みなが争って手に入れようとする土地には行かない」[1]。ファーウェイが従事するのは通信業界であり、技術的なハードルが高く、国家の命綱となるため非常に敏感である。そのため、ファーウェイが生き残る道とは、人から疑われるようなことをせず、ビジネスはビジネスとしてやることなのである。

だが、これではまだ足りない。もしこの業界が技術的なハードルが高いがゆえに「堤防」が非常に高くなり、「堤防」の中の利益も高いままになってしまった場合、さまざまな「リソース」はこの利益に気を取られ、より強大な競争相手が入り込むことになり、ファーウェイが生き残るための環境は悪化するだろう。ファーウェイにとっては、品質がよく低価格であることこそが最良の競争ストラテジーなのである。

高品質には高いコストが必要だが、顧客に提示する価格はコストの上で合理的に追加していき、ファーウェイが合理的な利益を保持できればそれでよい。高い利益などいらない。つまり堤防は高くしすぎず、「堤防は低くつくる（低作堰）」べきなのだ。では、高品質がもたらす高コストをどう穴埋めするか。それは内面を深く掘ることである。自身のコストを下げ続け、競争相手よりもさらに低コストで、効率がよく、より大きな優位性を備えることにより、自身の強大な生存能力を維持する、これこそが「深淘灘」である。

暴利を貪ることはしないので、さまざまな「リソース」の側は採算が合わないと見て、入り込めなくなる。これは実のところ、新規参入者のハードルを高くしている。また、強大な競争相手が入ってこなければ、ファーウェイはさらに長く生き延びられる。つまり、たゆまずに稼ぎ続けられるのである。よいビジネスモデルは利益獲得の鍵となる要素だ。ファーウェイは**小さく儲けること、利益の最大化を追求しないこと、合理的な利益を追求すること**を一貫して主張している。これは任正非の屁理屈ではなく、人間性を熟知した上での知恵と決断である。

大道《だいどう》は至《いた》りて簡《やす》し、李冰が残した「川底の土砂は深く掘り、堤防は低くつくる」という治水規範は、都江堰が長く存続できた最大の「秘訣」である。ここに含まれている知恵や道理は、治水工事そのものを超えている。これは、現在のファーウェイの生き残りの法則とたいへんよく似ている。

注

1　本書の著者は曽国藩の言としているが、出典は明末清初の文人・申涵光（しんかんこう）（１６２０〜１６７７年）『荊園小語（けいえんしょうご）』の一節で、原文は「久利之事勿為、衆争之地勿往」。

19 豆腐の味を磨く

常識を守るということ――価値の売買

【任正非語録】

まず初めに、我々はビジネスをする会社です。我々は政治的な発言をするべきではありません。政治とは政治家がするもので、我々がすることではないからです。我々は政治のことはわかりません。地道にお客様によいサービスを提供していくべきで、そうやって成功を得てきました。

実のところ、ファーウェイの成功はたいへんシンプルで、複雑な道理などありません。至極まっとうにお客様のためにサービスを行っていますし、我々の目はお客様のポケットの中のお金に向いています。「ちょっとお金をいただけませんか？　もうちょっといただけませんか？　もっとたくさんいただけませんか？」という具合に、です。

お客様がお金をくれないということは、お客様に対して何かが足りていないことになります。ですから心をこめてお客様にサービスを行えば、お客様はポケットからお金を出してくれるでしょう。我々には複雑な価値観などありません。特に小さな会社には多くの方法論など不要です。真面目に美味しい豆腐をつくっていれば、買ってくれる人がいるのです。

出典：任正非と日本法人、日本研究所従業員との座談会要約、2016年4月5日

ここ数年、流行っているのはこんな視点である。インターネットの時代、これまでの産業科学におけるマネジメントの思想や方法はとっくに時代遅れとなり、今、必要とされているのは革新的で、想像力があり、これまでのものを覆す、追い越すようなことである。

だが任正非は、**インターネットは事物の本質を変えてはいない**と考えている。車には必ずタイヤがあり、豆腐は豆腐であり、もやしはもやしである。インターネットは主に情報伝送の速度や範囲の問題を解決してくれるが、事物の本質を変えることはできない。今はインターネットの時代だから、過去の工業管理の科学はもう時代遅れだと考えてはいけないし、科学的なマネジメントと革新的なものが対立すると考えてもいけない。何かを覆すようなことにすぐ同調してもいけない。実直に先進的な西側の企業に学び、マネジメントを着実に実施すべきである。

この視点をさらに支えるために、読書好きの任正非は、歴史の面からより深く考察している。蒸気機関と電力はいずれも、かつてそれぞれの産業と人類の社会生活の中で革命的な作用を果たしたが、これらの技術革命は何かを覆したのではなく、社会や製造の進歩を大きく推し進めたのである、と。

インターネットも例外ではない。その本質的な作用は、情報化により実体経済を改造し、高品質、

低コストで即座に顧客のニーズに対応するという実体経済の能力をより高めることにある。インターネットは実体経済を向上させるコアコンピタンスだという言い方があるが、ファーウェイは、まずはメインの業務をしっかりとやり、それからインターネットの方式で支える。逆にやるのはご法度なのだ。会社は互聯網精神《フーリエンワン》（71ページ参照）を喧伝してはならず、基礎となるプラットフォームを地固めし、顧客とサプライヤーとの連携を実現しなければならないのである。

ビジネスの本質とは、「価値の売買」である。そのためこの30年のブラッシュアップを通して、ファーウェイの取締役会は、株主の利益の最大化を目標とせず、ステークホルダーの利益の最大化を原則としないことを明確にしている。また、顧客の利益をコアバリューとして堅持し、コアバリューの第一に「顧客第一主義」を据え、それに向けた努力を従業員に督励してきた。

顧客の利益の場とは、企業が生き残り、発展する際の最も根本的なポイントである。製品の指針は企業自身が描くものではなく、顧客のニーズから生まれる。会社の最終的な目標はビジネスで成功を得ることであり、顧客が注目するペインポイント（痛点）、直面している挑戦やプレッシャーに会社としてフォーカスし、顧客のペインポイントに切り込んで彼らの問題解決を助け、ユーザーエクスペリエンスを向上させるべきである。つまり**「顧客第一主義」とは、顧客がビジネスで成功を得ることをサポートする**ということなのだ。

能力が不足しているなら、チャンスを捨ててもいい。だがどんなときでも目先の利益を得ようとしたり、何かを突破することを追求したり、短期的な利益を追求するために顧客を傷つけたり、騙すようなことをしてはならない。「顧客第一」というサービス理念を永遠に持ち続けるべきである。さらに重要なことは、顧客に向き合うとき、企業は終始一貫して顧客へのサービスという職務を、着実かつ忠実に行わなければならないということだ。

華々しい成功が増えていくのを前にして、企業のマネジャーはその成功をひけらかしてはならない。謙虚な心を持ち続け、たゆまず努力し、顧客に目を向け、会社や顧客に対する約束を履行し、「搾乳する人」〔搾取する側〕ではなく、「牛を飼う人」〔育てる側〕になるべきである。豆腐の味をひたすら磨き続けるのだ。こうしてこそ、企業は1つの成功からもう1つの成功へと向かうことができるのである。

顧客は企業の生活の拠り所であり、企業は生活の拠り所のためにサービスをする――これは常識である。だが自信過剰に陥った一部の企業家は、この常識を捨ててしまっている。任正非はこの常識をずっと尊重しているため、ファーウェイに30年間の輝かしい成果をもたらした。将来も、ファーウェイはこのビジネスの常識を尊重し続けることで、引き続き輝かしい成果を残していくだろう。

20 カエルとネズミ

提携は1＋1＜2に用心せよ
――長所を発揮することこそが王道

【編者解説】

2004年7月、任正非は従業員へのメッセージとして、イソップ童話の「カエルとネズミ」を『華為人』に転載した。

1匹のネズミが川辺で遊んでいたとき、ハンサムなカエルと出会った。カエルは泳ぐことの楽しさや水に流されることのおもしろさ、沼地の中で起こった不思議な出来事をあれこれネズミに話した。するとネズミは、カエルに岸辺の風景と田んぼの豊かな作物の話をした。そして互いの話にとても魅了されたのだった。

ネズミはカエルを連れて陸を旅することにし、楽しい時を過ごした。だが池のほとりまで来ると、ネズミが心配しだした。ネズミは泳げないからだ。このときカエルは理解を示してこう言った。「怖がらなくていいんだよ。ぼくが助けてあげるから」。カエルはネズミの足を自分の後ろ足の上に置き、葦でしっかりと自分に結びつけた。そうしてカエルとネズミは水遊びを楽しんだ。

このとき、1羽のタカがその様子を見て急降下し、ネズミを捕まえた。カエルは急いで水の中に潜ったが、ネズミとカエルは一緒に結ばれているので、カエルは思うように泳げなかった。しまいには、ネズミもカエルもタカの戦利品となった。

出典：『華為人』、2004年

「カエルとネズミ」のおとぎ話は、短いながらもたいへん深い寓意がある。陸地のネズミと川の中のカエルはそれぞれ十分にタカの攻撃から逃れる能力があった。だがカエルとネズミは繋がった状態で水中にいたため、それぞれが生き残るための優位性が制限され、ともにタカの餌食となってしまったのである。

2000年にインターネットバブルが崩壊してから、さまざまな業界でM&Aや吸収合併ブームが巻き起こったが、カエルとネズミが合体したような提携がたびたび起こった。

2000年、AOLとタイム・ワーナーは合併して世界最大のメディア・コングロマリットになることを発表した。前者はネットワークビジネスの代表で、後者は伝統的なメディアの代表である。当時、この合併は「世紀の企業結婚」と言われた。しかし合併後まもなく、さまざまな問題が表面化した。2社には経営方式においても企業文化においても、途方もなく大きな差異が存在していただけでなく、経営幹部の側にも業界を越えたマネジメントや調整の経験が欠けていた。2002年度のＡＯＬタイム・ワーナーの純損失は987億ドルとなり、この「世紀の企業結婚」は「最も失敗した合併例」となってしまった。

2003年、ＴＣＬ〔中国の総合家電メーカー。本社は広東省〕はフランス最大の国営のグループ企業で、世界第4位の家電メーカーであるトムソン社と正式に契約し、双方のテレビとＤＶＤ事業の再編を行った。共同出資した会社はＴＣＬトムソン電子有限公司、通称ＴＴＥと名づけられ、ＴＣＬは世界最大のテレビメーカーとなった。だが、事はＴＣＬグループ董事長の李東生《リードンション》が予期したような展開とはならず、買収によってＴＣＬが欧米市場で発展する機会はさほど拡大しなかったばかりか、ＴＣＬに巨額の損失をもたらした。トムソン買収後の2005年と2006年、ＴＣＬグループは巨額の損失を被った。

2004年、「冬」から抜け出したばかりのファーウェイも、さまざまな買収の機会に直面した。任正非はこのおとぎ話を通じてファーウェイの経営幹部を戒めたいと思い、企業買収ブームが巻き起こっているときでも、頭の中は終始冷静に保っていた。特にファーウェイがアメリカのスリーコム、ドイツのシーメンスやインフィニオン・テクノロジーズ、カナダのノーテルネットワークス等と「企業結婚」する機会があった際、双方の優位性を発揮することに注意し、提携が双方の優位性を奪わないかどうかを判断すべきであり、カエルとネズミの悲劇を再演してはならないとした。

中国経済の発展に伴い、グローバル市場における中国市場の比重がますます大きくなり、中国企業が世界レベルの企業となるための基礎が築かれた。企業の買収――とりわけ多国籍企業による買収――は瞬く間に拡大し、それは少しずつ企業の「戦略的選択」となりつつある。企業が買収前に最も考慮するのは、いかにしてより有効にリソースを調整するかである。しかし、企業間の文化の違い、マネジメントモデルの差異といった要素を見落とすと、吸収合併後には必然的に大きな衝突が起こり、1+1＜2となってしまう。

任正非は、買収の背後に潜む莫大なリスク、企業の急速な拡大の背後にある危機を見て、ファーウェイは投資型の買収を行わない方向性を堅持した。買収する場合も、その目的はファーウェイが本流においてさまざまな方法で舵を取るためので、本流を補完する効果がある業務に対してのみ投資をすることにした。

任正非は一貫して自分の欲望を抑え、抜け目なく立ち回るようなことはしない。ファーウェイは世界の電子情報技術の最新の研究成果を広く吸収し、国内外の優秀な企業に謙虚に学び、独立自主を基礎として、オープンな提携により発展し、コア技術部門のリードを守り続けている。

ファーウェイは創業時から現在まで業務範囲を通信分野に限定し、情報分野への拡大や、不動産や株投資といった異分野への参入もいっさい行っていない。不動産や株市場が盛んになった頃、実はファーウェイにも参戦する機会はあった。だがファーウェイは、「未来の世界は知識の世界である」と考え、決して動かなかった。これがまさに任正非の戦略における揺るぎない信念なのである。

２０１６年4月5日、任正非はファーウェイ日本研究所の従業員との座談会の際、自らの投資観と世界の文化の違いについて再度言及している。

我々は原則として対外的な投資は行いません。投資は一生にわたって「彼女」のものを購入することを意味しており、「彼女」というのは私の息子の嫁、つまり身内のことです。我々は今日これがよいからこれを買おう、明日はあれがよいからあれを買おうといった具合に、今まさに「気持ちが浮ついている」状態です。当然、我々も戦略的パートナーシップを構築しますが、あなたがたも先を越されないようにしてほしいと願います。あなたがリードしていれば、私はあなたのものを買いますし、あなたが先を越されてしまえば、私はほかの人のものを買います。

我々の関心は、すべての製品が世界最高の品質かどうかであり、私の「息子の嫁」がつくった製品で完成品を組み立てることではありません……日本へ来て、日本の文化や哲学を拒否し、日本の習慣や法則に基づいて事を進めないなら、我々はなぜ日本に来て投資をするのでしょうか。グローバル化が進むということは、民族、思想、文化的にもグローバル化する必要があります。どんな民族にも特長があります。たとえばドイツ、日本の伝統工芸は優れていますし、フランス人はロマンティックで、色彩や数学等といった多くの面で見識があります。そこで我々はフランスにデジタル画像処理などを研究する数理研究所や、色彩の研究所を設立できたのです。

任正非のこういった投資観を通じて、時代の智者を見ることができる。任正非は終始自分の戦略の方向性を守り抜き、固めて固めてはまた固め、本流の上を、ファーウェイというこの大型船が波を立てながら突き進んでいくのを指揮しているのである。

21 「ブラックウィドウ」になるな

目先の利益を追うと、提携による共生が遠のく

【任正非語録】

ファーウェイが他社と提携するなら、「ブラック・ウィドウ」になってはいけません。「ブラックウィドウ」というのはラテンアメリカに生息するクモのことです。このクモは交尾し終わると、子グモを孵化させるためにメスがオスを食べて養分にします。そのため、「黒後家蜘蛛《くろごけぐも》」と呼ばれています。以前、ファーウェイが他社と提携した際、1～2年後にファーウェイはこの会社を「食べて」、あるいは「捨てて」しまいました。

我々はもう十分に力がありますので、オープンマインドかつ謙虚であるべきです。問題をもっと深く見つめて、小さなことにこだわってはなりません。我々はよりよい提携モデルを探してウィンウィンを実現するべきです。研究開発は比較的オープンですが、もっともっとオープンにするべきです。国内外ともに、です。我々が今日まで歩んできた道がどれほど容易でなかったか、考えてみてください。我々はもっと外部のさまざまな考え方を吸収してぶつかり合うべきで、狭い考えのままではいけません。

出典：2010年、PSST部門幹部大会での任正非のスピーチ

十数年前、多くの企業がファーウェイとの提携を選んだ際、彼らには内心、矛盾があった。一方では、ファーウェイはグローバル化の道を進んでいるので、ファーウェイについて行けば船を借りて出航でき、急速に成長できるというものである。もう一方で、ファーウェイの学習能力はたいへん高く、ある部門が新製品開発のアイデアが浮かばないときは、すぐに入札募集を立ち上げ、業界でよい成績を上げている会社を探してきて、完璧な交流さえするだろう。その後は音沙汰がなくなるのではないか。自分の企業は5～10年も苦労してやっとのことで成果を出すが、ファーウェイはそれを1、2年でやってのける。しかも自分の企業の進化力はファーウェイよりも弱く、サプライヤーリストに入っても、すぐに淘汰されてしまうのではないか、というものだ。

このような矛盾した気持ちが根底にあると、多くの提携パートナーがファーウェイと交流する際、中国の昔話にあるように――ネコがトラに技を教えたとき、木登りだけは教えなかった――「奥の手を明かさない」ようになってしまう。提携パートナーがファーウェイと腹を割って交流しようとしないと、ファーウェイも損をする。ファーウェイの市場占有期間を引き延ばす一方で、業界の多くの優秀な提携パートナー、サプライヤーはファーウェイにおいそれと接触できなくなる。そうしているうちに、業界内で、ファーウェイの評判が悪くなるだろう。

任正非はこの点を認識してからというもの、これは持続可能な方法ではないと考え、2010年にファーウェイの研究開発部門に対して1つの新たな概念「ブラックウィドウになるな」を正式に発表した。

任正非はこのクモの生態を引き合いに出すことで、ファーウェイの従業員に対し、他社と提携した後に相手を「食べたり、捨てたり」してはならないと戒めている。ファーウェイは人を食べる「ブラックウィドウ」ではなく、オープンに提携する精神を推進してウィンウィンを実現するべきである。ファーウェイはオリジナルの精神を持つべきだが、自己革新を閉じてしまうことではない。自己革新は閉鎖的ではなく、オープンに提携する姿勢や方式を取るべきで、それぞれのリソースの優位性をすり合わせて提携の成果を共有するのである。任正非はこう振り返る。

どんな強者もバランスの中で生まれます。我々はとことんまで強大になってもかまわないのです。ですが、友人が1人もいなくなってしまったら、我々は維持していけるでしょうか。無理なのはわかりきっています。我々はなぜ誰かを倒し、世界を制覇しようとするのでしょうか。ほかを消滅させ、世界制覇を目論んだヒトラーは、最終的に失敗しました。ファーウェイが世界を制覇したいと考えたら、最終的に滅亡へと向かうでしょう。なぜみんなと団結して、強者と提携しないのでしょうか。狭い視野で、誰かを消滅させたいと思ってはいけません。我々と強者は、競争であれ提携であれ、有益な関係であればよいのです。

ファーウェイ発展の壮大なプロセスにおいて、我々を快く思っている人ばかりではなく、恨んでいる人もいることでしょう。我々はおそらく多くの中小企業に飯を食わせていないからです。我々はこの現状を変えて、オープンに提携し、ウィンウィンを実現すべきであり、恩をあだで返してはなりません。これまでの20年、我々はたくさんの友人を敵に回してきましたが、これからの20年、我々は敵を友人に変えていくべきです。我々がこの産業チェーンで友人たちを引っ張っていくとき、そこには勝利という1本の道しかありません。

ファーウェイは強烈な自己批判精神を持った企業であり、ミスをした後はすぐに修正するよう意識している。ここ数年ファーウェイがサプライヤーに手厚くするよう提唱しているのを見て、優秀なサプライヤーとの提携を強化して、ウィンウィンを実現することを期待する。それこそが「〝ブラックウィドウ〟にならない」ための具体的な行動なのである。

22 ツルヒヨドリ戦略

植物のように土壌に根を下ろし、1分に1マイルずつ拡大していく

【任正非語録】

ローエンド製品は基準化、シンプル化されていて、ライフサイクル内に無償で修理できるようつくるべきです。我々は低価格、低品質の道を歩みません。それをしてしまったら、戦略的な攻撃力が破壊されてしまいます。技術とサービスモデルにおいて、誰も我々と競争できないようにすること、つまり大規模な合理化を図ることです。顧客がもっと機能を加えたいと思ったら、ハイエンド製品を買います。これこそがツルヒヨドリ理論で、我々は現在この条件も備えています。

出典：戦略に関する意見交換会における任正非のスピーチ、2014年11月14日

著名な植物学者ダニエル・チャモヴィッツ〔1963年〜。アメリカの植物遺伝学者。著書に『植物はそこまで知っている』（河出書房新社）などがある〕はたいへん透徹した次のような視点を持っている。「植物は複雑な生物体であり、豊かな知覚のある生活をしていることを、人間は意識するべきである……すべての植物には、動くことができずに〝根を下ろす〟という進化上の制限があることを我々

が意識するなら、葉や花に含まれる複雑な生物の能力に感銘を受けるだろう。〝根を下ろす〟ことは進化における大きな制限であり、これは植物がひどい環境から逃れることができず、食物または配偶体を探すための移動もできないことを意味している。ゆえに植物は変化し続ける環境の中で生き残るために、敏感かつ複雑な感知メカニズムを積極的に形成しなければならないのである」

ファーウェイは設立から30年あまり、情報通信分野を深く掘り下げ、不動産や株取引などは行わず、植物が土壌に「根を下ろす」ように、この肥えた土地だけを追い求めて急速に成長を遂げてきた。2010年頃、任正非はファーウェイのこの独特な成長の特徴を「ツルヒヨドリ」という植物の特徴を用いて形容している。

ツルヒヨドリは南米原産の野草だ。その目覚ましい成長の速度は周囲のすべての植物を追い越してしまうほどで、植物学者からは「1分ごとに1マイル拡大」する恐怖の野草と呼ばれている。ツルヒヨドリはわずかな水分と養分だけで生きることができ、しかも迅速に繁殖し、周辺の植物を覆ってしまう。迅速な拡大と、迅速な成長という特性は、ツルヒヨドリと養分や水分、太陽の光を争うほかの植物を衰退させていく。

1998年に『ファーウェイ基本法』（46ページ注参照）が発表されたが、その第22条は、ファーウェイの経営モデルについて述べられている。

「我々の経営モデルは、機会を逃さず、高額を投じた研究開発で製品の技術と性能価格比をリードするという優位性を獲得し、大規模でセンセーショナルなマーケティングにより、最短の時間でポジティブフィードバックというプラスのサイクルを形成し、十分な〝機会の窓〟から利益以上のものを獲得することである。我々は成熟期に入った製品を最適化し続け、市場での価格競争を支配し、市場戦略における主導的地位を拡大して揺るぎないものにしなければならない。我々はこの経営モデルの要求に基づいて、組織構造と人材集団を構築し、会社の全体的なオペレーション能力を高め続ける」

このような経営モデルはツルヒヨドリの生き残りの論理を十分に体現するものである。

ファーウェイは設立当初、1粒の草の種にすぎなかった。その種は深圳という、荒れ地を開墾したばかりの熱い土で1株の小さな苗に成長し、その苗にいくつかの節《ふし》ができ、それぞれ「1分に1マイル」という速度で迅速に拡大していった。目下、ファーウェイは世界170あまりの国と地域に業務を拡大し、世界の人口の3分の1以上の人たちにサービスを提供する大型多国籍企業へと発展した。この道のりで、モトローラ、ノーテルネットワークス、ルーセント・テクノロジー、アルカテル・ルーセント、エリクソンといった、巨大な競争相手は続々と凋落し、ひいては崩壊し、ファーウェイは情報通信製造業のリーダーとなった。

ファーウェイでは、永遠に成長を続けることが一番である。2018年、ファーウェイの年間売上高は7200億元（約11兆5000億円）を突破していたが、なおも「ツルヒヨドリ」の如く、わずかな隙間にも根を伸ばして成長を続け、競争相手を震え上がらせた。

ここで注目したいのは、ファーウェイの「ツルヒヨドリ」理論を理解するには、まずファーウェイの価値獲得の根底にあるのは「顧客第一主義」であることを理解していなければならないという点だ。ここから外れると、成長は「表面上は勝利しても、自らも損害はあるので価値がない」[1]という消耗戦へと変わってしまい、業界全体、顧客の長期的な利益に損害を与えてしまう。

ここ数年、中国のインターネット商圏で巻き起こっていたキャンペーン合戦〔利用者に割引やキャッシュバックなどで還元を行うもの〕がまさにこれである。戦いが終われば、「縛られた」ユーザーが最もつらい。だが今や、ベンチャーキャピタル側ももっと理性的に事業者に投資するようになり、事業者もこういったボーナス合戦をより慎重に行い、もっと顧客の価値を重んじるように変わってきている。市場競争は、ビジネスの本質への回帰を始めたところなのである。

注

1　出典は明代の児童向け啓蒙書『増広賢文（ぞうこうけんぶん）』の一節、「殺人一万、自損三千」。

23 雲、雨、水路

雲が雨と化せば、より多くの収穫が得られる

【任正非語録】

ここ数年、我々のマネジメントが様変わりしているのは、実は西側の企業のマネジメント理念を本当に理解していなかったからです。郭平《グォピン》、黄衛偉《ホァンウェイウェイ》の両先生が「雲、雨、水路」の概念を発表しています。「雲」とは管理哲学のことで、「雨」とは経営活動のことです。雨水が流れていくには「水路」が必要です。そうでなければ発電できません。水路は、欧米企業が我々に提供してくれたコンサルティングの文献からすでに見つけてはいましたが、我々はよく理解していませんでした。

ファーウェイはおそらく小さな渓流ではマネジメントを形成できていましたが、エンドツーエンドではなく、あるものはセグメントツーセグメント*でした。このセグメントはたいへん優れているように見えましたが、大きな壁を越えてようやく次のセグメントへと流れていくので、その代価はこの水路を掘っていないのと大差なかったのです。

＊セグメントとは市場の中で同じニーズや属性を持つ顧客の集団を指す。

出典：ドイツＬＴＣ教導隊・実践訓練チーム座談会での任正非のスピーチ、２０１４年６月５日
＊Lead To Cashの略。見込み客の発掘から、売掛金の回収までを担当する営業部門。本社にも同様の部門がある。

任正非には非常に素晴らしい能力がある。それは本書で何度か触れているように、常に自然科学の法則を社会科学の中に転換して、柔軟に応用するということだ。「雲、雨、水路」とは本来、自然界における水の循環であるが、ファーウェイの輪番ＣＥＯ（ファーウェイでは取締役会から選出された3名の代表者が交代で担当する「ＣＥＯ輪番制度」を採用している）である郭平と、ファーウェイ首席経営科学者の黄衛偉教授による提案と解釈によって、ファーウェイの経営管理の哲学にうまく体系的に拡大されてきた。

ファーウェイの経営管理の哲学は、天上の「雲」のようなものである。内外の環境による作用のもとで、ファーウェイは「雲」から「雨」へと変わり、日常を運営する「雨」を形成する。雨水は地面に落ちていくが、そのまま四方に流れていかないように、あらかじめ掘っておいた「水路」に導いてようやく田畑を潤すことができ、予期した結果を出すことができる。

「雲、雨、水路」という経営管理の哲学は、ファーウェイのどんな分野にも、しっかりとしたバージョンが根づいている。たとえば財務分野では、「雲」は業務部門に将来的に出現するであろう大

きな変化を指し、ビジネスモデル、業界、技術、競争相手等がもたらす変化を含んでいる。「雨」は日常の経営活動で、業務活動や財務活動、およびそれらの間の連動を含む。だがこれらの活動が効果を発するには、雨が「水路」の中に落ちなければならない。「水路」はファーウェイのワークフロー部門およびワークフロー部門を支えて有効に稼働させるような方策、制度、組織、ＩＴシステム等であり、それらはすべての財務活動をともに牽引し、制約するものである。

業界の多くの企業は、ファーウェイのマネジメントモデルを学んでいるが、たいてい習得することはない。その理由の大きなキーポイントとして、「水路」をつくる努力が足りないためだと私は考えている。現代の企業マネジメントの経験とは、主に西側の企業によるものである。ファーウェイの「水路」を掘り下げるために、１９９７年、任正非はアメリカの「先進的な知識を学ぶ」ために旅立った。帰国後の１９９８年、ファーウェイはＩＢＭから講師を招き、第１回の変革プロジェクト――ＩＴ戦略計画プロジェクト（ＩＴ Ｓ＆Ｐプロジェクト）を始動した。

それからの20年、内外の環境がどうあれ、ファーウェイは「先進的な知識を学ぶ」ことを止めていない。任正非は西側の企業マネジメントが「よい教科書」だと心服している。２０１４年に彼は先進的な知識を学んだことを回顧して、こんな話をしている。「この水路は欧米企業が我々に提供してくれたコンサルティングの文献からすでに見つけてはいましたが、我々はよく理解していませんでした」と。何かを真剣に学ぶ者がどれほど謙虚であるかが、ここからも見てとれる。

20年間深く掘り下げ続けて、ファーウェイの「水路」は製品、サプライヤー、営業、サービス等の鍵となる分野において複数のバージョンを繰り返し完成させてきた。製品分野のＩＰＤ（Integrated Product Development）は研究開発管理システムを執行する。ＩＰＤは１９９８年にＩＢＭの指導のもとで構築された。営業分野のＬＴＣ（Lead To Cash）は見込み客の発掘から、売掛金の回収までを担当する。その他、サプライチェーン分野（ISC：Integrated Supply Chain）、アフターサービス分野（ITR：Issue To Resolution）、財務分野（IFS：Integrated Finance Service）等……任正非はかなり謙虚だが、実際にこれらの組織とワークフローを構築し、ファーウェイを優秀な中国企業の１つに導いた。

２０１７年、当時ファーウェイの輪番ＣＥＯを務めていた郭平がファーウェイマネジメント体系構築の最高栄誉賞である「10人の異才賞」（64ページ参照）を受賞した際、再び「雲、雨、水路」という経営管理の思想について語った。

「会社は次のマネジメント変革の目標を、第一線組織の作戦能力の向上に定めました。つまり、より多く収穫することです[1]……我々は〝雲、雨、水路〟の法則を順守して、ファーウェイの過去20年にわたる経営管理の思想、変革の経験や教訓、ならびに経営管理の法則に対する認識をブラッシュアップして総括し（雲）、将来の戦略を制定し、経営管理業務を指導し、効率と収益性を向上し続け（雨）、かつ漸進的なマネジメント変革により、〝セグメントツーセグメント〟から、少しずつ〝顧客に向き合ったビジネス〟と〝市場のイノベーションに基づく〟という2つのワークフローをコアとした、〝エンドツーエンド〟のデジタル化マネジメント体系へと導いていきます（水路）。我々のマネジメント方式は定性から定量へ、〝国語〟から〝数学〟へ変革し、データ・事実・理性に基づいた分析によるリアルタイムマネジメントを実現します」

他社と比較したファーウェイの強みとは、自分のテリトリーを厳守し、**すべての行為はただ持続的な成功のためだけにある**ことだ。「雲、雨、水路」という経営管理の哲学も、より多くの収穫を得ることと、土地の肥力を向上させるという2つの目標を目指している。

注

1　原文は「多打糧食」。任正非の目指すところで、営業収益や利潤、効率の向上などを指す。

24 李小文《リーシャオウェン》の精神

「謎の老僧」*のこだわりとシンプルさでビッグデータ時代の「パナマ運河」を探せ

*浙江省出身の作家、金庸（きんよう）の武侠（ぶきょう）小説『天龍八部（てんりゅうはちぶ）』に登場する少林寺の老僧、掃地僧（サオディィーセン）のこと。

【任正非語録】

ファーウェイはどんな精神を守り抜いているのでしょうか？ つまり、真剣に李小文先生に学ぶことです！……我々は李小文先生から、物事に対する態度を真剣に学び、努力し、地道に学習しなければなりません。ビッグデータの時代に、パナマ運河やスエズ運河のような大きな視野、大きな戦略、大きな決意をもって、この時代の「パナマ」や「スエズ」を探すのです。

出典：「李小文：科学とはシンプルを追求すること」、2014年5月『華為人』発表

李小文（1947～2015年）は中国科学院〔中国における科学技術分野の最高機関〕の院士（フェロー）で、博士課程の学生の指導教官である。また、Li-Strahler幾何光学という学派

を立ち上げた人物であり、中国のリモートセンシング分野における第一人者である。２０１４年、『人民日報』一面に、彼の功績と写真（そこには服装に無頓着で、布靴を履いて中国科学院大学〔中国科学院に付属する大学〕で報告を行っている姿が撮影されている）が掲載されてからというもの、すぐさまネット上でホットな話題となった。

李氏は物に対しては無頓着だが、学問に対する研究態度はとても厳しい。李氏と、彼の研究チームによる研究成果は、リモートセンシング研究を大幅に発展させ、中国がリモートセンシング分野でさまざまな角度から世界のトップの座を保つことに貢献した。

李氏の研究論文は38本あり、国際的に最も権威のある科学技術文献用検索ツール「SCI（Science Citation Index）」で５５７回引用されている。また修士論文はアメリカの権威ある著作に収録され、１９８５年に発表した論文はＳＣＩで１１３回引用されている。このような高い引用数は学術分野内でも類を見ない。

任正非はこれらの報道を見た後、すぐに北京にいる李氏のところに従業員を向かわせた。当時、李氏の健康状況はあまりよいとはいえなかった。従業員は李氏に訪問の意図をこう説明した。「刻苦奮闘して、たゆみない努力を重ね、献身的という李先生の精神は、ファーウェイの精神と相通じるものがあると任正非は考えています。ファーウェイとあなたの差は年齢だけです。ファーウェイはまだ27歳ですが、気持ちの上では同じです。ですから李先生に弊社のイメージキャラクターになっていただきたいのです。肖像権料やイメージキャラクター料はお支払いいたします」。すると、李氏はこう答えた。「お金はいっさい、いりません。もし中国にあなたがたのような会社がたくさんあれば、発展に希望が持てます」。

2014年6月5日から、ファーウェイは『人民日報』、『経済日報』、『光明日報』、『環球時報』、『参考消息』、『中国青年報』、『科技日報』、『人民郵電報』、『第一財務日報』、『21世紀経済報道』といった全国紙に、自社のイメージ広告を大々的に掲載し始めた。

シリーズ広告は4種類ある。写真は同じだが、レイアウトされているキャッチコピーはそれぞれ違う。写真の主役は李氏で、李氏の簡単な紹介のほか、大きめのフォントで次の4つのキャッチコピーが掲げられている。

パターン1：ファーウェイが守り抜く精神とは？　李小文に真摯に学ぶこと。
パターン2：ファーウェイが守り抜く精神とは？　力を尽くして李小文に学ぶこと。
ビッグチャンスの時代、日和見主義はNOだ。オープン、オープン、もっとオープンに。
パターン3：ファーウェイが守り抜く精神とは？　着実に李小文に学ぶこと。
ビッグデータの時代は、パナマ運河、スエズ運河を開拓した頃のような大きな視野、大きな戦略、大きな決意が必要だ。ビッグデータ時代の「パナマ」と「スエズ」を探せ。

パターン4：李小文の精神とはまさに時代を読む精神！　真剣に李小文に学ぼう。

李小文の精神とは何か。まさしくシンプルで、忍耐力があり、献身的、楽観的で、執着心、集中力があり、誘惑と孤独に耐えられることである。

任正非はなぜ2014年のこのときに、対外的にこのようなメッセージを発信したのだろうか。

2014年は「モバイルインターネット元年」と呼ばれ、「インターネット思考」（モバイルネットワーク、ビッグデータ、クラウドコンピューティングなどの発達に伴い、市場やユーザー、製品、企業の価値といったビジネスの生態系すべてに対する思考を変えていこうというもの。中国最大の検索サイト「百度《バイドゥ》」創設者の李彦宏《リーイエンホン》が提唱した。原文は「互聯網思維《フーリエンワンスーウェイ》」）が世間でホットな話題となった。

成功した企業がそれを間接的に裏づけ、有名企業家の講演や著作があり、主流のメディアによる宣伝があちこちに溢れた。この頃は「インターネット思考」がビジネス界でもてはやされ、「これまでのことを覆す」、「エコロジー」、「極致」（「極端なやり方」でしかも「最も良い状態」で「これまでのことを覆す」という意味）、「非中央集権化」、「境界のない」、「自己組織化」などが流行語となった。

ファーウェイは本質的にハイテク製造業であり、当時、インターネット思考の影響を受けた。ファーウェイはインターネット思考に欠けている、と外部から厳しく批判され、従業員は冷静でいられなくなった。そして、みんなが努力する文化はもはや時代遅れだ、ファーウェイの経営の価値観に重大な疑問あり、と攻撃を受けていた。

任正非には自分なりの判断があった。それは、インターネットは変革の場であり、本質的にいえばツールであるが、ビジネスの本質を変えるものではないし、ビジネスの本質を覆すものでもないということだ。インターネットの時代は到来した。だが、ファーウェイがインターネット企業かどうかなどは重要ではないし、ファーウェイの精神が互聯網精神かどうかなども重要ではない。これらの精神がファーウェイを生き延びさせてくれるかどうかが、最も重要なことなのだ。

そうして、ファーウェイ内部で自動車メーカーのテスラとBMWを例とした大討論が行われ、最終的に次の共通認識を持つに至った。インターネットの時代、テスラができたことはBMWにもできた。ハイテクのモジュールを加えるだけでよかったからだ。BMWはそれができたが、テスラにはできなかった。なぜならBMWは自動車業界で100年間の蓄積があるからだ。自動車産業に対する理解は、どれだけ時間をかけても新参者には獲得できないのである。そのため新たな変化に遭遇したら、我々はやはりビジネスの本質に戻ってビジネスの問題を考えるべきなのだ。

現在、多くの企業家が浮き足立ち、目先の利益を求めてその場限りの成功を追求し、今日中にすべての物を掘り起こそうと考えている。だが、ファーウェイはずっと未来のために身を投じ、毎年、販売収入の10％以上を研究開発に投入し、新製品を継続的に発表している。任正非はこう強調する。

ファーウェイは、これまでのことを覆す必要はありません。もし会社の上から下までが新しいことを語り、現状を覆すことを語れば、それはファーウェイの挽歌です。ファーウェイが守るべきものは、やはり職人の精神であり、製品を1つひとつ攻めていくことです。もしこういった職人の精神を捨ててしまったら、ファーウェイの未来はないでしょう。

1つの分野を専門にし、根気強くやり抜く李小文の精神は、本流に集中するファーウェイのやり方と完全に一致する。また、実際に即して物事の本質を追求する科学的な態度、先頭に立って物事を行うという李氏の思想は、まさしくファーウェイの従業員に必要なことであり、ファーウェイの従業員はこういった態度と思想で自己を超越し、他人を追い越さなければならない。さらに、李氏が追求する物事を行う際の原則とその方法も、科学に携わるすべての者が追求するべきであり、これらはファーウェイの文化を導くだけでなく、物事に対する態度の原則でもある。これこそ、ファーウェイが李小文にイメージキャラクターを依頼した理由なのだ。

2015年1月10日、李氏はこの世を去った。享年68歳、リモートセンシングの第一人者は永遠に帰らぬ人となったのである。

生前、李氏はこんな遺言を遺している。「救急措置で無理やり延命しないでください。国家の資源を無駄遣いせず、他人を巻き添えにせず、私に苦痛を与えないようにしてください」。李氏は生前の言行をもって、知識分子の気骨と人生の哲学――成功の前では「寵辱《ちょうじょく》に驚《おどろ》かず（名誉を得ても辱められても心を動かさない)」、「去留《きょりゅう》に意無《いな》し（地位の変動も気にかけない)」[1]、淡々とやることこそ本当の自分であり、必要のないものは増加すべきではないということを証明してくれた。これこそ中国の知識人が尊ぶ節義と品格なのである。[2]

注
1　『菜根譚（さいこんたん）』の一節。原文は「寵辱に驚かず、閑（しず）かに庭前の花開き花落つるを看（み）る。去留に意無く、漫（そぞろ）に天外の雲巻き雲舒（の）ぶるに随（したが）う」。
2　14世紀の神学者オッカムが定義した「オッカムの剃刀」から。不必要な部分は切り捨てること。

25　肥やしの上に花を生ける

新任者は慎重に改革の火を燃やせ
――膠着化から最適化、そして固定化へ

【任正非語録】

ファーウェイが持ち続けている戦略とは、「肥やしの上に花を生ける」戦略を基本として、伝統から離れて盲目的にイノベーションをするのではなく、今あるものをもとに、オープンにイノベーションすることです。生花は育った後、また新たな肥やしとなります。我々は永遠に存在する基礎をもとにイノベーションをしていきます。

クラウドプラットフォームを進める際、通信キャリアのニーズをベースにクラウドプラットフォーム、クラウドアプリをつくっています。ほかのメーカーがITからクラウドに入るのとは違います。我々がつくるクラウドは通信キャリアがすぐに使え、すぐに成熟させられるでしょう。我々はクラウドプラットフォーム上でそう長い時間をかけずにシスコシステムズに追いつき追い越し、クラウド事業でグーグルに追いつきます。我々は全世界のあらゆる人が、電気を使うように情報アプリとサービスを楽しんでほしいのです。

出典：ファーウェイクラウド発表会での任正非の発言、2010年11月30日

一般的な審美眼では、生花は美しくてよい香りがするもので、肥やしは醜くて臭いものである。美しくてよい香りがするものを醜くて臭いものの上に置くと、まるで調和が取れない。「肥やしの上に花を生ける」という表現は、たいてい男女の釣り合わない婚姻の喩えとして使われる。一般的に、美しい女性が彼女とは不釣り合いの男性に嫁ぐことを意味する。

だがファーウェイでは、「肥やしの上に花を生ける」ことは任正非によってまったく新しい含みを与えられ、ファーウェイのイノベーション戦略の真髄となっている。ファーウェイは強大な資金力と組織を持つ企業だが、「肝っ玉」は小さい。「破壊型イノベーション」をひどく恐れ、「盲目的なイノベーションを防ぐこと。周囲に響くイノベーションの声はファーウェイの挽歌」だと考えている。30年来、ファーウェイは注意しながら自分の「本流」の中でイノベーションを起こし、しかもそれは漸進型イノベーション、改良型イノベーションで、基礎を継承した上で行ってきた。

業界で有名な『ファーウェイ基本法』は、ファーウェイが「肥やしの上に花を生ける」ことを最もよく体現している。『ファーウェイ基本法』起草グループのリーダーで、中国人民大学の彭剣鋒《パンジェンフォン》教授は『ファーウェイ基本法』第1版の命題と構造は、ドラッカーの3つの命題に答えるものだと回顧する。

(1)企業に前途がある——企業の使命、ビジョンと目標、およびビジョンを実現する事業理論等の問題に答える。

(2)業務に有効性がある——企業がいかに有効に運営しているかの問題に答える。その内容は以下に関わる。企業の決断メカニズムと効率、組織マネジメントのメカニズムと原則、内部のバリューチェーン（研究、製品、営業）の運営および協働メカニズムと効率、企業の制度化構築と理性的な権威。

(3)従業員に達成感がある——組織の中での地位、従業員の登用理念、人的資源のメカニズムと制度設計等の問題に答え、従業員に価値があり、達成感がある業務目標を実現させる。

最初にこの3つの命題を見たとき、たいへん緻密だと感じた。だが当時、あっさりと任正非に否決された。緻密ではあるが、ファーウェイの従業員がどうやって実行すればいいのかわからないからだった。それから黄衛偉教授（現ファーウェイ首席経営科学者）によって起草された第2版の命題と構造も、3つの命題に答えるというものだった。

(1)ファーウェイは過去なぜ成功したのか？　過去の成功が何によるものかに答え、過去の成功に対して系統的に総括し、ブラッシュアップし、昇華させることである。『ファーウェイ基本法』は机上の空論で作成されたのではない。これまでの成功経験をもとにすれば、企業らしくなるし、従業員は見知らぬ人ではなく、身近なものに感じる。

(2)　ファーウェイ成功の鍵となった要素のうち、ファーウェイの成功を支え続けられるものは何か、成功し続けるのを阻害したものは何か？

『ファーウェイ基本法』は継承できるだけでなく、独創的なものでなければならず、さらに成功という罠を越えて、自己批判できなければならない。新しい思考を取り入れることは、企業家と役員クラスの自己マスタリーのプロセスである。

(3)　ファーウェイが将来的に得たい成功は何を拠り所とすべきか？

『ファーウェイ基本法』は企業の持続可能な発展、企業の将来的な内外の環境の変化に基づくべきであり、将来の持続可能な発展に対して系統的な思考を完成させなければならない。『ファーウェイ基本法』は将来的な成功の道、発展の道に向き合うものである。

任正非は『ファーウェイ基本法』第2版を見て喜び、すぐにこれを『ファーウェイ基本法』の主軸に定めた。これこそ、後に世間が目にすることになったバージョンである。『ファーウェイ基本法』において、ファーウェイはまず過去の成功に対して系統的に総括し、ブラッシュアップし、昇華（自らが歩んできた道が紆余曲折に満ちたものであるにしても、それは肥やしである。だが生きていくには必須の生き残りの道である）して、継承された基礎の上で未来を語る、これがまさにファーウェイの従業員が理解する「肥やしの上に花を生ける」ことである。

おもしろいのは、2018年3月20日にファーウェイが正式発表した『ヒューマンリソースマネジメント要綱2・0』討論版〔これまでのマネジメント経験の総括や幹部に対するマネジメントモデルなどをテーマごとにまとめたもので、「討論版」はこれをもとに社員が議論するためのたたき台として発表された〕の中に、『ファーウェイ基本法』の跡が見えることだ。その概要は以下の通りである。

第一部：過去の成功と実践を総括し、最適化を守り抜く

1. 過去30年、会社は事業の発展という大きな成果を挙げた
2. ヒューマンリソースマネジメントは会社のビジネスの成功と持続的な発展の鍵として駆動する要素である
3. 成功と発展の中で、会社のヒューマンリソースマネジメントになお問題が存在する

第二部：将来的な変化と挑戦の展望、継承中の発展

1. 事業の発展が直面する内外の変化と挑戦を洞察する
2. 会社が価値を創造し続けるという使命とマネジメントモデル
3. ヒューマンリソースマネジメントに必要な継承と発展のコア理念

1998年3月23日に『ファーウェイ基本法』が発表されてから2018年3月20日に『ヒューマンリソースマネジメント要綱2・0』が発表されるまでちょうど20年。ファーウェイのマネジメ

ント思想は一貫して同じ論理であり、規則の確実性で結果の不確実性に対処している。これには任正非の定力《じょうりき》（不動の精神力）に敬服するばかりだ。

外部の人からは、任正非は会社を変革するのが好きだと思われているが、率直にいって**任正非は急進主義者ではなく改良主義者で、一歩ずつの小さな改善と進歩を主張している。**どんなことであっても問題が山積してから局面の打開を図るのではなく、常日頃から流れをよくしていなければならないと考えている。

どんな新しいことをするにも、自分を覆すことばかりを考えてはならない。人々が必要としていることはこれまでのものを覆すことではなく、技術がもたらす高品質の継承と発展であるということを、しっかりと認識すべきである。イノベーションの根底には何があるか、我々は過去どんなことによって成功したのかをまず考えなければならない。破壊的イノベーションの成功率はきわめて低い。

アップルのｉＰｈｏｎｅはスティーブ・ジョブズのリードのもと、スマートフォンの新時代を切り拓いたが、それも30年もの蓄積があってこその結果である。「為山九仞、豈一日之功（山を為《つく》ること九仞《きゅうじん》、豈《あ》に一日の功たらんや）」[1]（高い山を築くには、一日では完成できない、つまりローマは一日にして成らずの意）である。

ファーウェイは「肥やしの上に花を生ける」ことを追求し、継承を基礎とした上でイノベーションを起こす。これはファーウェイ成功の鍵となった要素の1つである。ファーウェイは新事業の展開を続けているが、それらは基本的にはもとからある事業をベースに派生させたものだ。現在のファーウェイは、新たな市場や新たな技術分野で盲進するといったことはしていない。新たな機会に向き合う際にファーウェイがまず考えることは、**いかにして自分の優位性が発揮できて、長期的な目標を構築できるか**である。そのため2002年のファーウェイの「冬」以来、ファーウェイは重大な戦略ミスをほとんど犯していない。

総括すると、次のことがわかるだろう。

ファーウェイがずっと守り抜いてきたイノベーション戦略にはいくつかの明確な特徴がある。まず、**本流でイノベーションを守り抜くこと**で、イノベーションにはテリトリーがあるということ。次に、**イノベーションは必ず顧客のニーズによって導かれるもの**で、技術路線での論争にしないこと。最後に、**継承を基礎とした上でのイノベーションを起こすこと**で、巨人の肩の上に立ってイノベーションを起こして人類の文明の成果を共有し、これまでのものを覆す発言には反対し、「肥やしの上に花を生け」るということだ。

伝統から離れて盲目的にイノベーションをすることに反対し、もとからある基礎に基づいて、オープンにイノベーションをする。花はその後、また新たな肥やしとなり、もとからある基礎に基づいてイノベーションを起こし続ける。

組織の思考パターンから見ると、業界では、ファーウェイの従業員は1からNまでのことはよくできるが、0から1のことはできないとずっと考えられてきた。だが実のところ、これは一方の側のみから見た考えである。ファーウェイは通信技術（Communication Technology、CT）から事業を始めたが、業界の企業の多くは情報技術（Information Technology、IT）から事業を始めている。これは、ファーウェイのイノベーションの道筋が他社と大きく違うことを決定づけている点だ。ファーウェイは事業分野を少しずつ拡大し、肥やしの上で花を育てることを守り抜いて、一歩ずつ成長していった。

２０１０年9月10日、ファーウェイ内部で、任正非にファーウェイのクラウド戦略とソリューションについて報告を行った際、任正非は改めてこう強調した。

> 私はこの問題について話し続けています。それは、将来のクラウドがどのようなものか誰にもわからない、ということです。この道が正しいものだとどうしてわかるのでしょうか。当時定めた「花は必ず肥やしの上に生ける」という戦略は、我々がかつて得た教訓が根底にあります。我々はかつて、盲目的に欧米企業に学び、追随してきました。天から林妹妹《リンメイメイ》（林黛玉《りんたいぎょく》のこと。

清朝の曹雪芹《そうせつきん》の長編小説『紅楼夢《こうろうむ》』のヒロイン。ここでは欧米の新しい技術に喩えている」が降ってくることを願っていましたが、結果はにっちもさっちもいかず、どうやって使えばいいのかわかりません。林妹妹がお婆さんになるまでかかって、やっと準備が整い欧米企業に追いつき、さあこれから使おうとなったときには、もう古くて価値のないものになっていました。

先ほど申し上げた「肥やしの上に花が咲く」とは、電気通信と非常に近いものがあります。あるクラウドを手掛けたら、すぐにそれを販売する。そうやって少しずつ多彩なクラウドを形成するのです。こういったクラウドプラットフォームの進歩の過程において我々が強調したいのは、「花は肥やしの上に生けるべき」であること、伝統的なネットワークから離れてしまえば、我々のクラウドは生き残れないということです。ですが我々は電気通信ネットワークを基礎としてクラウドプラットフォームをつくることができます。すぐに成熟するので、すぐにクラウドを使えるようになるでしょう。

ファーウェイの「肥やしの上に花を生ける」というイノベーション戦略は、クラウド事業で体現され、スマートフォン、海底ケーブル、太陽電池、AI等の製品分野でも体現されている。これらはすべて、通信事業を主軸として派生したものである。これこそがファーウェイの集中戦略――盲目的な多様化、開拓と発展は行わないということである。

当然ながら、業界からはファーウェイはなぜまだ端末OSを開発しているのか、グーグルが開発したＡｎｄｒｏｉｄシステムはすでによいものではないのか、これは「肥やしの上に花を生ける」というイノベーション戦略に相反していないか、という疑問が出るが、任正非はこう考えている。

現在、我々が端末のOSを手掛けているのには戦略的な考えがあります。もし彼らが突然、我々の「生きる糧」（つまり「飯の種」）を断ってしまったら、我々がＡｎｄｒｏｉｄシステムを利用できず、Ｗｉｎｄｏｗｓ Ｐｈｏｎｅ８システムも利用できなくなったら、我々はただの大バカ者です。同じように、我々がハイエンドチップを手掛けた際も、私はみなさんがアメリカのハイエンドチップを購入することに反対しませんでした。みなさんが彼らのハイエンドチップをできるだけ多く使うことで、彼らのことを深く理解しようとしているのだと思っていたからです。そうすれば、彼らが我々に製品を売らなくなった頃には、たとえ我々の製品がわずかに劣っていたとしても、何とか使えるようにはなっているでしょうから。……狭い視野でいてはいけません。OSをつくるのもハイエンドチップをつくるのと同じ道理です。彼らは我々が使うことを許してくれたのであって、我々の「生きる糧」を断ったのではありません。我々の「生きる糧」が断たれたとき、バックアップシステムが有用になってきます。

案の定というのだろうか。２０１９年５月15日、アメリカ商務省産業安全保障局がファーウェイを「エンティティー・リスト（ＥＬ）」〔貿易相手として不適格と判断した個人や企業、団体を登録したリストのこと」に加え、チップ等のコア技術でファーウェイの「生きる糧を断った」ことを発表した。

ファーウェイは窮地から反撃を行った。そして、ファーウェイがチップの研究開発に責任を負う100％出資の子会社ハイシリコン（海思《ハイスー》）の製品を「一夜で正規なものとして採用」した。ハイシリコン総裁の何庭波《ハーティンボー》が全従業員に送った書簡はネット上で話題を集め、多くの支持を得た。任正非が何年も前から密かに進めてきた「会社が生き残るために〝スペアタイヤ〟を構築する」という戦略は、まさに先見の明があったといえる。

注

1　後漢の思想家、王充（おうじゅう）の『論衡（ろんこう）』「状留篇」の一節。

26 「被統合」戦略

喜んで「配管工」になれ──「鉄板」だけで稼ぐ

【任正非語録】

提携パートナーは多ければ多いほどよいのですが、我々が統合すると、大きな敵ができてしまいます……ですからやはり同盟軍の力を利用させてもらうのがよいと考えます。あなたの船に乗って、少しばかり稼がせていただければ十分です。なぜ私がこの世界を独占したいのか。我々が被統合の道を歩むなら、あらゆる種類のパートナーグループを構築する必要があります。パートナーグループを使って製品を顧客グループに販売するのです。

たとえば、ＳＡＰ*は当初からみなさんに話していましたが、我々は戦略的パートナーシップを持ちたかったので、永遠に彼らの分野には参入しないと申し上げて提携が始まりました。ですからファーウェイにチャンスができたのです。

＊ドイツに本社を置く、ヨーロッパ最大級のソフトウェア会社。

出典：事業者向け事業座談会での任正非のスピーチ、２０１３年12月19日

任正非のビジネスに対する洞察力は本当に透徹している。企業というのは、弱小の頃は我慢しながら全力で努力し、強大になろうとする。そして一定の規模まで拡大すると、対内的には自分の地盤を塀で囲んでビジネス「帝国」をつくり上げ、大庭園で賓客をもてなす。対外的にはすべてを一手に引き受けて競争相手を攻撃し、市場を独占しようと試みる。情報・通信技術分野に「統合(インテグレーション)」という用語があるが、これはビジネスの世界のそんな特徴をよく表している。「統合」は英語で「Ｉｎｔｅｇｒａｔｉｏｎ」である。孤立した事物あるいは要素を、ある方法によって、もとの分散状態を変えて１つに集中させることで連携を生み出し、１つの有機的統一体を構成する。

情報・通信技術分野における「統合」とは、たくさんのメーカーを集めて協議を重ね、さまざまなアプリケーションの体系、構造と向き合うことである。この構造には各種設備およびサブシステム間のインターフェース、プロトコル、システムプラットフォーム、アプリケーションソフト等の統合問題を解決する必要がある。これは建築環境、施工協力、組織マネジメントおよび従業員の配置等にまで問題が及ぶ。

ほとんどの大企業は「インテグレーターの夢」を持っている。自分はインテグレーターであり、すべての提携パートナーは自分が制定した規則に則って、自分のプラットフォームに入るべきという思想だ。

だがファーウェイはその反対の道を行っている。2010年以降、ファーウェイが通信キャリア事業から事業者向け事業に参入した際にわかったことがある。業界には「インテグレーター」はとっくに多数存在する。彼らはファーウェイがこの分野に参入するのに重要なチャネルパートナーではあるが、こういった老舗企業はファーウェイの参入をひどく不安視し、いつの日かファーウェイが自分たちの仕事を奪ってしまうのではないかと心配していた。また、ファーウェイの新たな設備が顧客の古い設備にドッキングされる際、顧客のアプリケーション層の情報とデータに触れないわけにはいかないので、顧客はこれにもかなりの懸念を示した。そこでファーウェイは、業界のインテグレーターパートナーと顧客の不安を徹底して払拭するために、顧客に対するビジネスモデル「被統合」を明確に打ち出したのである。

「被統合」の核心には、ファーウェイは絶対にインテグレーターにはならない、あなたに統合されるのを希望しているという意味が含まれている。市場取引のインターフェースでは、提携パートナーが顧客と契約書を交わすことになっており、その目的の根本にあるのは、提携パートナーとは利益の上で競争関係をつくらず、提携パートナーの積極性を十分に発揮させることである。このようにして、ファーウェイのマーケティング要員はさまざまなプロジェクトを一手に引き受けて短期的な販売業績を上げることを避ける一方で、業務の本流から外れて、不得手ながらも営業コストの高い仕事をするようになった。

ファーウェイは、顧客関係と取引インターフェースの上で、各チャネルのパートナーとはできることとできないことを分業しながら協力し、広範囲に及ぶ法人客へ共同でサービスを行うことを主張している。ファーウェイは「被統合」というビジネスモデルを明確にした際、「利益を1つの源から得る（利出一孔）」ことを迫られた。企業情報や、通信技術関連の製品とソリューションを極めて、メイン事業の競争力を増強することで、インテグレーターたちはようやくファーウェイの製品を争うようにして自分のインテグレーションソリューションに取り入れるようになったのだ。

みなさんには、ここに苦しい選択があったことを理解してもらいたい。統合ができる力を備えた会社が、統合による利益を主体的に放棄するということは、業界のバリューチェーンの一部になりたいと願うからである。自らを「配管販売業者」に位置づけたことは、情報という分野の「鉄板」（ファーウェイは、自身の本流で製造した情報通信ハードウェア設備のことを冗談でこのようにいう）を供給するにすぎない。驚くべき自制心である。だが業界に良好な生態系を形成するためには、ファーウェイは業界のバリューチェーンにおいてそれぞれの点（ノード）で長所を発揮して、提携パートナーと顧客を安心させなければならない。ファーウェイはたいへん賢い選択をしている。

2017年にファーウェイは「ファーウェイクラウドBU」（BUはBusiness Unitの略。BGよりも小規模。ここではクラウドビジネスに特化した部門のこと）を設けた。「被統合」戦略を極めるため、「三不」原則——「上流ではアプリに干渉しない、下流ではデータに干渉しない、株式投資をしない」

を順守している。その目的は、利益を独り占めせずに、自分の生態系パートナーに十分な空間を残すことにあるのは明白だ。

ファーウェイの輪番ＣＥＯである徐直軍《シュージージュン》は次のように説明する。クラウドという分野において、ファーウェイはインテグレーターやアプリ開発会社に投資をしないし、子会社の育成もしない。また子会社と提携パートナーを競争させることもしない、と。これはファーウェイの生態系パートナーを安心させるとともに、ファーウェイの一貫した生態ストラテジーを印象づけた。

我々は1元を、パートナーは10元を稼ぐのだ。ファーウェイのこのビジネスストラテジーは、クラウド分野の美談であることは疑いようもない。当然ながら、「被統合」は「統合を座して待つ」ものでも「受動的な統合」でもない。主体的に提携パートナーと連携して進み、主体的に提携パートナーにエンパワーを与えるものである。パートナーが成功を得るだけで、ファーウェイの「鉄板」が売れる。そうしてこそ、ファーウェイは真のビジネスの成功を実現できるのである。

第4章
未来への事業戦略

27 1杯のコーヒーで宇宙エネルギーを吸収する

仕事ばかりではなく、オープン化と共存を目指す

【任正非語録】

世界中のIT業界で最も発達している地域はアメリカです。ハイエンドのエキスパートを継続的に取り入れるとともに、高級幹部やエキスパートたちも限界を越えるために、毎年海外へ出て行って世界中で交流をするべきです。仕事ばかりしていないで、1杯のコーヒーで宇宙エネルギーを吸収するべきなのです。

我々は国際会議やフォーラムによく参加していますが、コーヒーカップを片手に5分あれば、熱い議論を交わすことができますし、「エネルギー」をたくさん吸収することができます。自分の思考や習慣を変えなければ、世界に触れることはできません。世界に触れずに、どうやって世界の動向を知ることができるのでしょうか。重大な問題について語り、思想という火花を散らすのには、往々にしてわずかな会話だけで事足りるのです。

出典：成都研究所での事業報告会における任正非のスピーチ、2014年1月5日

2013年以前、任正非は何度もスピーチの中で言及していたことがある。それは、ファーウェイが世界の通信業界の巨頭たちに追いつけたのは、他人がコーヒーを飲んでいる時間に、ファーウェイの従業員はコーヒーも飲まずに仕事に没頭していたからだということだ。だが2014年、任正非は非常に明快なスローガンを打ち出した。それは、「1杯のコーヒーで宇宙エネルギーを吸収する」というものである。

2013年はファーウェイ発展史のマイルストーンとして意義ある年であった。この年、ファーウェイの売上高が2390億元（約395億ドル）を突破し、エリクソン（約353億ドル）を追い越して世界の通信機器メーカーのトップの座に上り詰めたのだ。業界トップとなったファーウェイは、真面目で苦労を厭わない従業員だけではなく、ビジネスエンジニアや研究者も必要になった。だがトップの研究者というのは育成して生まれるものではなく、企業が発掘するつもりで探し出さなければならない。仕事のことしか知らず、コミュニケーションが苦手な従業員と、コーヒーカップを手にした研究者では対話などできたものではない。そのため任正非は**「コーヒー」を隠喩に使い、ファーウェイの従業員が主体的に自分を変えることを促した。**研究者の行動習慣に適応させ、外部のプラスエネルギーを吸取することで、ようやく本当の意味での研究者の世界へ入っていけるのである。

グローバル化の時代、小さなコーヒー豆はイギリスの社会学者アンソニー・ギデンズ〔1938年〜。ブレア政権のブレーンで「第三の道」を提唱した〕によって「並外れたグローバル化現象」と形容されている。コーヒーは企業がグローバル化していく過程で、活性剤の作用を果たしているというのだ。コーヒーを飲むこと自体が儀式となり、コーヒーが交流の運び手となる。我々は誰かと会ってコーヒーを飲むとき、より多くの交流ができるのだ。

ＩＢＭ顧問の回顧によれば、ファーウェイは１９９７年に初めてＩＢＭ顧問をファーウェイ深圳基地へ招き、ここに常駐してマネジメントの変革推進をサポートするよう要請した。当時アメリカからファーウェイに来たばかりの顧問は、敷地内のどこにもコーヒーマシンがないことに気づいた。22年後の今日、ファーウェイ深圳坂田基地や松山湖基地を散策すれば、随所にイリーカフェ（イタリアに本社を持つ食品会社のカフェブランド名）（ファーウェイ松山湖基地はミニ列車〝小汽車《シャオチーチャー》〟で各オフィスがつながっていて、駅にはすべてカフェがある）を目にすることができる。従業員たちが三々五々集まり、コーヒーカップを手に熱っぽく語り合うのを見れば、コーヒー文化はファーウェイで進化中であることが感じられるだろう。

では「1杯のコーヒーで宇宙エネルギーを吸収する」とはどういうことだろうか。それを最も詳しく解説しているのは、２０１７年12月11日に行われたカメルーン法人での任正非のスピーチにほかならないと私は思っている。

1杯のコーヒーで宇宙エネルギーを吸収する——これは何もコーヒーに不思議な作用があるということではありません。西洋人の習慣を利用して、オープンに、コミュニケーションを取って交流するということです。みなさんが行っている普遍的なお客様との関係維持、入札前のプランの討議、引き渡し後の検証、レストランでの内緒話……これらはすべて交流であって、外部からのエネルギーを吸収して自分を最適化させることです。形式は重要ではありません。重要なのは精神的な交流です。カフェも単なる交流の場所であって、どんなときでも交流の機会や場所はあります。形式を狭く考えてはいけません。

フランスのカフェ・ド・フロールは数百年来、文人や作家たちの交流の場でしたし、モロッコのリックス・カフェは第二次世界大戦の際、各国のスパイたちの交流の場でした。映画『カサブランカ』にも出てきましたよね。[1]北京の老舎茶館《ラオシャーチャーグアン》、成都の寛窄巷子《クァンジャイシャンズ》……人々はこうした場所の雰囲気に魅了され、盛んに交流が行われるようになりました。カフェは学術交流の場所というだけでなく、普通に暮らしていたらとうてい出会えないような人でも、受動的に出会う機会を得られる場所なのです。

私が強調したいのは、会社はオープンであるべきで、見識は知識よりも重要であるということ、交流することで往々にして啓発を受けられるということです。みなさんは若いうちからすぐに海外に出て、つらく苦しい場所にやってきましたが、現地法人に籠ったり、その国の首都にだけ留まったりしていてはいけません。大胆に現地社会に溶け込んでください。西洋人はよくスポーツをします。みなさんが「温室」の中でじっとしていたら、どうやって友人をつくれるでしょうか。バスケットをしに行く、スキーをしに行く、マリンスポーツをしに行く……どんなスポーツにも顧客に近づく機会はあります。コーヒーがなくても、コーヒーに勝るものはどこにでもあります。

「1杯のコーヒーで宇宙エネルギーを吸収する」という理念は主として研究開発という新しい分野に用いられている。任正非はファーウェイの研究開発に携わる従業員を2つに分類している。1つは基礎研究を行う研究者やエキスパート1万5000名であり、彼らはお金を知識に変える。もう1つは応用型人材〔成熟した技術や理論を、実際の生活や製品に応用できる技能を持つ人材のこと〕6万名であり、彼らは製品を開発し、知識をお金に変える。

基礎研究に従事する従業員1万5000名のピラミッドの頂点は、ファーウェイの科学技術思想の研究グループで、彼らは「科学技術の外交官」である。ファーウェイには約20名の「科学技術の外交官」がいるが、任正非は彼らに要求していることがある。それは1年の3分の1の時間を毎年必ず捻出し、世界中の大学あるいはハイエンドな科学フォーラムに赴いて、世界のトップクラスの研究者たちとコーヒーを飲むということだ。不確定な未来を予測し、判断するためである。いわゆる「鳳凰と一緒に飛べば、必ず美しい鳥になる」〔誰と行動をともにするかによって、自らの成長や人生の勝敗に影響を受けること。原文は〝與鳳凰同飛、必是俊鳥〟〕であり、ハイレベルでプラスエネルギーに満ちた集団の中に身を置けば、前進するパワーや方向性を得ることができる。

こういった「科学技術の外交官」は世界中の新しい技術や思想を持ち帰り、さまざまな形式で戦略に関する意見交換会を開催している。最終的にはファーウェイ最高レベルでの意見交換会において、みなが一緒になってあらゆるルートで技術の方向性を研究し、探究を行う。これによって1杯のコーヒーで宇宙エネルギーを吸収し、ファーウェイのコーヒーカップの中でブラックスワン〔従来の知識や経験からは予測できない現象、常識を覆すような衝撃的な出来事のこと。ファーウェイの松山湖基地では、想定外の事態に備えるようにという任正非の意向から、池でコクチョウを飼育している〕が飛び回るという現象を起こすのだ。

「1杯のコーヒーで宇宙エネルギーを吸収する」というスローガンはとても勇ましくて気概があるが、注目に値するのは、ファーウェイは終始、自らの本流での目標に照準を合わせていることだ。その目標とは、未来のビッグデータの流通量に向き合うことであり、その流れは必ず整えなければならない。この目標を実現するために、ファーウェイはオープンでありたいと考えているが、研究者がこの点を理解している必要がある。これは1つの前提条件だ。

「1杯のコーヒーで宇宙エネルギーを吸収する」というスローガンが発表されてから、その影響力は研究開発部門という分野を超えて、ファーウェイのオープン文化のシンボルとなった。

コーヒーは本質的にはただの記号（シンボル）で、ファーウェイがグローバル化経営を行う決意をしたということを示している。コーヒー文化が、世界170の国と地域におけるファーウェイ法人に溶け込んでいくにつれて、オープンで、平等で、包容力のあるコーヒー文化のエッセンスも、そっとひと口ずつファーウェイの要所要所に入り込んできた。科学理論の重要な問題を乗り越えることであれ、本流における未開の地であれ、オープンな文化は多様性を育む。そして将来、ファーウェイが不確定性に直面したときには十分な選択肢を持っている、ということを認識するべきである。

任正非は「1杯のコーヒーで宇宙エネルギーを吸収する」ことをグーグルから学んだ。グーグルの親会社〔Alphabet社のこと〕は利益が出ると実現が困難なことの研究に使用し、人類社会の未来を探求するために富を移している。ファーウェイも業界トップに立ったからには、やはり資金を投入して人類の未来を探究したいと願っている。こうした研究者を迎えてからの研究内容について、ファーウェイは特に細かく計画をしていない。偉大な突破というのはしばしば偶然の賜物であり、予定通りに計画的に発生するものではないからだ。

ファーウェイは大学教授、トップ研究者による基礎研究をサポートしている。彼らは灯台のようにファーウェイの従業員たちを照らしてくれるし、ほかの人々を照らすこともできる。従業員たちは早くから心の準備をして勉強に励んでいるため、理解力に優れ、何をするにもほかの人より早い。

多くの人が関心を寄せているのは、研究が失敗したらどうするのかということだが、任正非もこれには寛容な態度を見せている。

科学の道には「失敗」という言葉はありません。失敗という道を教えてください。失敗した人を紹介してください。それだけでけっこうです。失敗の経験がある人のほうが、成功した人よりもさらに貴重な存在なのですから。彼らは我々の新鋭軍に足りないものを補完してくれます。失敗の経験を教訓として我々のほかのプロジェクトに取り入れて、そのプロジェクトを失敗から回避させてくれます。提携中は「失敗」という言葉はありません。これはうまくいかなかった、などと言ってはいけなせん。では、我々にコーヒーを1杯おごっていただけますか。どこで回り道したのか、失敗の教訓を教えてください。それこそが成功です。お金を使ったら使ったでよいのです。我々はこういった考え方を指導しながら世界各地に強大なコンピタンスセンターをいくつも構築して、提携は大成功を収めています。友だちの輪が広がっていけばいくほど、我々の実力は大幅に上がっているのです。

任正非はオープンかつ包容力をもって人材を引きつけることを強調している。それは狭い範囲で特定の人材を探すのではなく、幅広い分野から多くの人を取り込み、分野の違う者同士で思想をぶつけ合わせるためである。任正非は「人材のクラウドファンディング」をしたらよいとさえ提案している。また特に優秀な人材については「スピード入社、スピード退社」もよしとし、その人材の人生を縛りつけることはしない。「彼らには会社に帰属することを求めていません。人身の自由や学術的な面での自由も制限しませんし、彼らの論文や特許も会社が占有することはありません……

ただ彼らとの提携を望んでいるだけです」。これはかつて1980年代の流行語「永遠に変わらないものより、失ったもののほうが大切（不在乎天長地久、只在乎曾経擁有）」（腕時計の広告のキャッチコピー）に似てはいないだろうか。

任正非は、すべての従業員が孤軍奮闘していたら、思想や方向性を誤り、それがひどくなれば問題が続出し、ファーウェイは将来的に業界をリードしていくのが難しくなるだろうと考えている。そしてスピーチの中で何度も強調しているのは、現在のファーウェイには思想家と戦略家が欠けていて、将軍レベルに留まっているということ、世界中でコーヒーを飲んで「1杯のコーヒーで宇宙エネルギーを吸収する」必要があるということである。コーヒーを飲むことで世界各国の研究者たちとコミュニケーションを図り、連絡を取り合い、提携し、研究を援助し、しかも学術の自由を制限せず、その特許を占有しない……ただ彼らとの提携だけを求めている。

また、ファーウェイの従業員はコーヒーを飲むことで「ブラックスワン」――現れる可能性のある破壊的技術――を見つけなければならない。

　ファーウェイはまだまだ小さな輪です。あなたがたフェロー[2]はコーヒーを飲みにも行かず、ただこの土の囲いを守っているだけです。堡塁を守っても最終的に守りきれませんよね。研究職のみなさんはタイムカードの打刻に縛られすぎです。研究所というこの堡塁の中でどうやって航海し、オープンになれるでしょうか。航海するときにはどうやってタイムカードに打刻しますか。新大陸を発見したらどうやって打刻しますか。海底に沈むときにどうやって打刻しますか。ヨーロッパからアジアへ向かう海底には350万隻もの沈没船があります。海底に沈んだ人たちはどうやって打刻しますか。ですから、我々のマネジメントはオープンモデルを採用しているのです。

私は幹部大会で、「幹部や中堅社員が仕事ばかりしていることに反対」し、業界の会議に積極的に参加し、業界人たちと語り合うようにと伝えました。「1杯のコーヒーで宇宙エネルギーを吸収」するべきです。世界の一流とコーヒーを飲み、相手の考えに耳を傾け、自己啓発し、回り道を避けるべきなのです。

あるとき、「あなたの先生はいったい誰なのか」と聞かれて、任正非はこう答えた。

私の先生は1杯のコーヒーでしょうかね。1杯のコーヒーで宇宙エネルギーを吸収するのです。みなさんとの座談会の最中、みなさんの話は私にとって得るものがあり、多くのことを吸収できました。私も自然とみなさんから影響を受けているのです。我々の研究は誰にも制限できませんし、我々はオープンマインドで、世界のあらゆる優秀なリソースと連携しています。我々の研究は誰からも制限されることはありませんし、我々も自分で自分を縛りつけることはしません。あえて人材リソースに近い場所に行って研究活動を行い、それぞれの研究所は自分の技術要素を形成して、業界の発展を牽引していくのです。

1998年に「削足適履《さくそくてきり》（自分の足を削って履物に合わせる）」[3]という方針で欧米諸国からマネジメントを学んで以来、ファーウェイは学習することを止めていない。2019年6月17日、「任正非とのコーヒー対談」がファーウェイ深圳本社で行われ、全世界にライブ配信された。ファーウェイ創業者の任正非がアメリカの思想家ニコラス・ネグロポンテ（1943年〜。計算機科学者。MITメディアラボの創設者で名誉会長）、ジョージ・ギルダー（1939年〜。投資家・エコノミスト。テクノユートピアの提唱者で、著書『富と貧困』（日本放送出版協会）はベストセラーになった）両氏と約100分にわたって対談を行ったのだ。

この対談の中で、彼らはファーウェイが直面している苦境、その苦境をどう乗り越えるか、将来的に生き残っていくための問題、さらには経済、思想、未来のインテリジェントな社会の展望について忌憚なく語り合った。ファーウェイは業界から「ファーウェイの暗黒時代」と思われていた2019年であっても、「1杯のコーヒーで宇宙エネルギーを吸収する」という理念を楽観的に維持し続けたのである。

注

1　映画『カサブランカ』はモロッコでのロケを行っておらず、現在のリックス・カフェは映画の舞台を再現したもの。

2　ファーウェイの社内フェローとは、研究開発技術に携わる従業員の中で最も栄誉ある役職であるが、これはＩＢＭから学んだことである。

3　出典は『淮南子（えなんじ）』「説林訓（ぜいりんくん）」。

28 本流

情報のパイプは太平洋のように太くし、戦略的な力を非戦略的な機会のために消耗してはならない

【任正非語録】

未来は勝者総取りの時代になります。我々が本流とするすべての産業は大きな理想を持つ必要があります。やるか、やらないか。もしやるなら、世界一になるまで、とことんやるべきです。そのためには、我々は大きな夢を抱き、活力に溢れ、団結し奮闘する研究開発部隊を構築する必要があります。すべてを団結させれば団結力になります。すべての営業所が一丸となって、最も競争力のある製品とソリューションを構築し続けなければなりません。

出典：製品とソリューション、２０１２ラボマネジメントチーム座談会での任正非のスピーチ、２０１８年３月21日

「本流」は、ファーウェイの管理文書やメール、任正非のスピーチの中に最も高い頻度で登場する言葉の１つである。ファーウェイの「本流」とはいったいどんなことだろうか。なぜ任正非はこの「本流」という言葉を強調するのだろうか。

それにはまず、ファーウェイが置かれている業界について話しておく必要がある。この業界はICT業界といい、英語では「Information and Communication Technology」、「情報・通信技術業界」である。この業界のコアとなる要素は「情報」で、業界各社は情報の発生、伝送、転換、記憶、使用をめぐるすべてのワークフローに対して革新的なソリューションを多数提供している。だがこの業界は非常に大きく、技術の変化の速度も速いので、各社ともその中の一部に携わるだけでたいしたものなのだ。

情報の流通というのは水の流れのようで、マネジメントし、流れをよくしなければならない。そうでないと情報が氾濫しやすくなる。ファーウェイは「大容量のデータの流れをよくする」という業務を自社の主力事業として攻略することとし、この事業を水利工程における専門用語で形容した。それが「本流」である。

本流とは何か。

長江で洪水が起きると、川の真ん中の流れが最も速く、パワーも最大となる。これを「本流」という。岸辺近くをゆるやかに流れる場所は渦ができるが、そこは「非本流」に属する。ファーウェイの主張するところは、優れたリソースは優良顧客のニーズへと傾くものであるから何より本流にいる従業員たちを認め、彼らの価値を合理的に評価するべきだということである。また、周辺を流れる水や渦については、それが生み出す価値はコストより大きくなければならず、本流のリソースを占用してはならない。

それでは、ファーウェイの本流とは何か。
会社の事業はすべて1つの仮説をもとにしている。将来の情報社会において、情報が流れるパイプは無限に太くあり続け、それは鄱陽湖《はようこ》〔中国江西省北部、長江南岸にある湖。中国最大の淡水湖〕のような太さではなく、太平洋のような大きさだというものである。
ファーウェイにとって「大容量のデータ」はまさにビッグチャンスだ。この窓はファーウェイに向けて開かれているのだから、わずかな利益や目先の利益を貪ることで方向性を見失い、大きなチャンスを逃してはならないと考えている。ファーウェイが主体的にそれにフォーカスし、パイプを太くし続けるだけで、業界内をリードでき、未来の数十年は非常に大きな機会があると考えている。これこそがファーウェイが選んだ「本流」である。

任正非はこれを強く信じていて、従業員を報奨する際にはこう言う。

ファーウェイが踏み込んだ本流とは、情報社会における黒土地帯〔中国東北部の黒色の土壌。肥沃で農業に適している〕のようなもので、数多の企業にトウモロコシ、大豆、高粱《コウリャン》〔中国東北部で多く栽培される、イネ科の一種〕を植えさせています……この業界のスペースは十分に広く、一生涯努力するのに十分ですので、この戦略的目標を不用意に変更してはいけませんし、戦略的な力を非戦略的な機会のために消耗してはなりません。

また、時代の発展に伴って、ICTの基礎設備に対する要求は非常に複雑で、困難で、チャレンジ性を孕んだものに変わっています。多くの優秀な人材が一生努力しなければなりません。ファーウェイが擁する18万人の従業員は30年もの間、努力して船を漕ぎ続け、ついにファーウェイというこの大きな船を情報時代のスタートライン上まで漕ぎ出しました。このスタートライン上には大きな船はそう多くありません。情報分野において人類社会に大きな貢献をするために、努力を続けなくてよいものでしょうか。

ファーウェイには、「本流戦略」によってもう1つの頻出語が生まれた。それは**「パイプ戦略」**である。任正非はファーウェイの事業とは情報のパイプの「鉄板」をつくることだと自嘲気味に言う。従業員は自らを「配管工」と冗談で言い、書面では「ICT基礎設備」と書く。俗っぽくいえば、大きな情報が流れてくる場所こそがファーウェイの本流なのである。

具体的には、データセンターソリューション、バックボーンネットワーク、モバイルブロードバンド、固定ブロードバンド、およびファーウェイのインテリジェントターミナル、家庭用ターミナルとモノのインターネットの通信モジュールである。これらの分野がまさにファーウェイがフォーカスする「本流」であり、その他の分野は「本流」には属さないのである。

「T」の字でファーウェイの事業を形容するなら、「I」は「本流」で、掘り下げてフォーカスし続けることを指す。「I」は「非本流」で、サポート業務を指す。非本流の事業は、本流事業の発展をさらに勢いづけるために設けられることもあるだろうし、競争相手を阻止するために設けられる可能性もある。

本流の事業について、ファーウェイは投資の重点を発展の持続可能性と長期的なフィードバックの追求に置き、事態が好転するのをじっくりと忍耐強く待つようにしている。一方、非本流の事業は必ず利益が中心にあり、その収益性は必ず本流事業の収益性を超えるものでなければならない。こうであれば、非本流の事業の発展は許される。またこうであればこそ、本流事業の発展がよりよくなることを保証できる。

エーリッヒ・フォン・マンシュタイン（1887～1973年。第二次世界大戦で活躍したドイツの軍人）は回想録『失われた勝利』（中央公論新社）の中でこう述べている。「戦略的な力を非戦略的な機会のために消耗してはならない」。ICT業界のチャンスは数多あるが、任正非は、非本流の事業のわずかな利益を追って本流の戦略競争リソースを独占し、時代の大きなチャンスを逃してしまうことをひどく心配している。そのため本流事業に力を入れることで本流における能力を高め、競争相手との距離を引き離すことを繰り返し強調しているのである。

経営面から見れば、ファーウェイが守り抜くものは、世界のために価値を創造することである。

価値のためにイノベーションをし、得意分野を伸ばすのである。どんな会社にもリソースや力量に限界はあり、万能ではない。横向きに発展すれば、力が分散されあちこちに戦場をつくってしまい、どこも攻略できなくなり、どの事業もうまくいかなくなるだろう。大きなゾウがアリ1匹を踏みつけるのは必然であり、小事のために争うストラテジーは結局のところ持続不可能である。

マネジメントの面から見れば、ファーウェイというこの巨大な船は、新事業が1つ増えるたびにマネジメントシステムに数千ものマネジメント・ポイントが追加されることから、マネジメントの進歩に対する牽制作用が非常に大きい。そのため会社の製品は大小問わず本流の事業に関係するものでなければならず、本流から外れてはならないのである。さもなければ、会社はマネジメントのプラットフォームを2つに分けることになる。会社が横向きに発展した事業を切り捨てる際、人材の中には、自分が心血を注いだ事業が切り捨てられるのを残念に思い、研究開発の成果を持って離職し、起業する人が出るかもしれず、人材の流失が起きるかもしれない。

任正非の知恵はここにある。ファーウェイは、非本流の事業分野に対して高い利益を上げることを要求している。そうしなければ関連事業のラインが縮減されてしまうからだ。こうして、根本からこの問題を解決するのである。

当然ながら、ファーウェイの本流も時代の変化に伴って拡大している。たとえば、2012年以前は、端末事業は本流の事業ではなかったが、今では本流になっている。チョモランマ（エベレスト）

に登るとき、上に行けば行くほど苦しくなるように、本流での企業のイノベーションもだんだん難しくなってくる。「厚積薄発《ホウジーボーファ》」〔ファーウェイの企業広告のキャッチコピー。ファーウェイ公式HPによれば、その意味は次の通り。「時間をかけて地道に努力を重ね、確実に蓄積した力を少しずつ発揮していくこと。また、その力を重要なことに集中して投入すること」〕が必要なのだ。ファーウェイは過去30年間、技術面で突破を続けているが、将来的にはさらに孤独に耐えていかなければならないだろう。

任正非はたいへんユーモアがある。彼は「本流」についておもしろい解釈をしている。2014年4月9日、ブラジルのサンパウロで行われたブラジル法人およびサプライチェーン・センターとの座談会の際、こう話している。

「本流とは何でしょうか。誰かと替えがきかなくて、大量コピーして使用できることが本流です。カスタマイズした後にまたコピーして使用されなければ、高値では売れず、メンテナンスの価格も提示できません。これでは本流ではないのです！」

29 天、地、道、靴

方向性はだいたいにおいて正しいか、
組織に活力が溢れているか

【任正非語録】

過去30年を見てみますと、我々は全体的に世界の情報産業が発展していく上で大きな機会を捉えました。業界のフォロワーとして、我々は低コストで、強い実行力による発展のおかげで、ボーナスを存分に享受しています。またこれからの30年、勝者総取りの傾向が強まっていく中、我々は科学技術とビジネスの変化の機会を捉えて先頭をリードする企業にならなければなりません。そうやって初めて技術の進歩と新しいボーナスを享受できるのです。イノベーションしつつリードしていくには、我々は研究職のみなさんに頼るほかありません。

出典：フェローおよび一部の欧州研究所職員による座談会での任正非のスピーチ、２０１８年５月15日、６月４～13日

ファーウェイの成功は、まず方向性の成功があり、その次に従業員たちの努力がある。

２０１７年６月２日、上海で行われたファーウェイ戦略に関する意見交換会において、任正非は

スピーチでこう語っている。

会社を成功させたいと思うなら、2つの鍵となる要素を備えていなければなりません。それは、「方向性はだいたいにおいて正しいか」ということと、「組織に活力が溢れているか」ということです。このうち、だいたいにおいて正しい「方向性」とは、顧客の長期的なニーズを満たす産業と技術を指します。実のところ、「方向性」が含んでいるものは多岐にわたります。顧客第一主義、奮闘者が基礎、苦心奮闘する、利益の分配制度……等、すべて我々が前に進むための方向性です。今日お話しするのは技術、産業についてです。ビジネスを行う組織として、顧客のニーズにフォーカスし、ビジネスの傾向を把握できなければ、方向性はだいたいにおいて正しいものになりません。

ここで、しっかりと認識しておきたいのは、業界は「地」、顧客は「天」であることである。戦略とは天と地の間で選択する「道」であり、組織とは足に履かせる「靴」なのだ。企業は天と地の間にあり、足にぴったり合う靴を履いて、自らが選択した道を駆け抜けているのである。

私が書享界の講師たちと企業で「ファーウェイマネジメントの道」の講義をする際、たいていは大企業のトップ、たとえば、雷沃重工《レイウォー》（英語名はＬＯＶＯＬ）（中国最大の農業機械・設備メーカー）、振徳医療《ジェンドーメディカル》（中国最大の医療用品分野における上場企業）、三宝科技集団《サンバオ》（中国のモノのインターネット業界初の香港上場企業）、金溢《ジンイー》科技集団（英語名はGENVICT）（中国のETC基準を制定した、電子自動車識別用タグの第一人者）等の経営者が対象である。これらの企業の経営者たちを相手にした後、私はいつもこんなことを考える。「彼らはなぜ業界のリーダーになれたのだろうか」。

企業の戦略を考える際、まずビジネスモデルを第一に据える。だが私は、著名マネジメント研究者、陳春花《チェンチュンホア》教授が戦略を語る際に、ビジネスモデルから始めていないことに気づいた。このギャップはどこにあるのだろうか。

私は自分の考えと、こうした企業の経営者たちとの対話とを組み合わせて、見いだしたことがある。それは**企業の戦略には法則があり、ビジネスモデルはそのうちの1つのポイントにすぎないと**いうことである。みなさんに理解してもらうために、それを「**業界↓顧客↓戦略↓組織**」の4つに分類した。注意してほしいのは、この4つの順序はそこに内在する論理であるため、逆方向に実践すると失敗するということだ。

なぜ、先に業界と顧客について語るのかというと、この両者は、すべて第三者の立場から企業を見ているからである。

業界とは何だろうか。業界は「地」、つまり足もとの土壌である。業界が違えば勝手は違うので、ある業界でうまくいっても、別の業界ではどうなるかわからない。同様に、ほかの業界で肘鉄を食らっても、別の業界で水を得た魚のようになるかもしれない。中国東北地方の肥沃な黒土は大豆を植えるのに適しているが、長江下流部の江南の水郷には稲を植えるのが適している。その土壌を理解していなければ、自然の法則に背くことになる。成長するためには、まず自分たちのいる場所（業界）に機会があるかどうかを見極めなければならない。

顧客とは何だろうか。顧客は「天」である。業界は「地」として、自分たちが育つかどうかを決定づける。顧客は「天」として、自分たちがどのぐらい成長するかを決定づける。頂点を狙うなら、まず天を知り、地を知らなければならない。これまでは、己を知り彼を知ること（『孫子の兵法』の一節。「彼を知り己を知れば百戦殆うからず」）を強調してきたが、現在はそれでは足りない。天を知り、地を知ることがますます重要になってきている。

これは1つの前提条件で、天と地こそが経営環境なのである。たとえば、中国のインスタントラーメン業界では「康師傅《カンシーフ》」と「統一《トンイー》」の2大ブランドが長年争ってきたが、最終的に2社とも敗れ、勝利を得たのは「美団《メイトゥアン》」と「餓了麼《ウーラマ》」等といったデリバリーのプラットフォームであった。30分以内に熱々で配達されるデリバリー食品は、若者たちのインスタントラーメン離れを起こした。

陳春花教授はここ数年、組織環境の重要性について繰り返し語っている。つまりある組織の業績に対する外部環境の影響度は、組織内部の能力の影響度よりもはるかに大きくなっているのだ。多くの人がこの話をよく理解できずに、頭を垂れて自分の能力を構築することに専念している。

ここで注意したいのは、なぜこれまでは内部の能力を構築していればよかったのに、現在はだめなのかということだ。それは工業化の時代からデジタル化の時代となって、業界の変化と顧客のニーズが変化する時間軸が短くなったからである。その中の一分子である企業の内部能力は、本当に微々たるものだ。

我々が天を知り、地を知った後、真の駆動力を知ることができるのは、業界の機会と顧客のニーズである。次に経営の選択をしなければならない。業界には機会も顧客のニーズも多くあるが、それぞれ自らの能力に適したものを選ばなければならない。「選ぶ」という行動は、実のところ我々がよく耳にする専門用語――戦略である。

戦略とは何だろうか。陳春花教授は次のようにはっきりと結論づけている。**戦略の本質とは「選択」である。**だが企業の規模により、選択方式には大きな差異がある。**大企業が戦略を選択する際に重要なことは、「やらないこと」を選択することである。**大企業は多くの機会が相手のほうから押し寄せるからだ。選択をしなければ、精力が分散される。

したがって、大企業は機会を主体的に排除すべきである。たとえばファーウェイは常に多くの機会に対して「ノーと言う（Say No）」。不動産や財務的投資、パートナーと争う大統合プロジェクトなどに対して、きっぱりとやらないことを選択している。

中小企業が戦略を選択する際に重要なことは、「できること」を選択することである。中小企業はリソースに限界があり、真の機会というのは非常に少ない。この段階では実のところ、競争相手はいない。唯一しなければならないのは、方向性を定めたら専心して事にあたり、顧客が購入したいと思う製品やサービスを提供することである。

「天」と「地」の間で選択をした後、戦略さえあればビジネスモデルを通じてイノベーションを起こし、さまざまなツールを使って検証していく。

戦略があれば、次はチーム——組織構造を建設する。組織構造と企業戦略はシーソーの両端であり、動態がマッチしていなければならない。

組織構造が企業戦略よりも高いと、組織の効率は低くなる。顧客がもたらす金銭は内部マネジメントの中で消耗されてしまう。組織構造が企業戦略より低いと、組織は事業の急速な発展を支えられない。顧客は、企業が将来的に成功できないと考え、重要なことをさせなくなる。そのため、組織は動態の過程にある。

業界から顧客へ、戦略から組織へ。経営者が考えるべき戦略のキーワードは4つである。ここで、この4つを詳しく展開させよう。

1. 業界

業界を洞察するにあたって、最も重要なことは業界の本質をどう考えるかである。業界の本質を深く洞察することは、その業界でどれだけ深く水を汲み上げられるかを決定づける。業界を洞察するには、次の４つの問いに答えるだけでよい。

問い１：業界の本質とは何か？

この問いを真剣に考えたことがある人は少ないだろう。20年以上のキャリアがあっても、業界の本質が何か、答えられるとは限らない。この問いに答えられなければ、本当に業界に合った、人間性を熟知した製品をつくり出すことはできないだろう。

問い２：業界の現状と問題は何か？　そのペインポイント（痛点）は何か？

ペインポイントには、３つのレベルがある。ユーザーのペインポイント、業界のペインポイント、社会のペインポイントである。

ユーザーのペインポイントを効果的に解決すれば、売上高が10億元（約160億円）に達する会社になるだろう。業界のペインポイントを効果的に解決すれば、売上高が１００億元（約1600億円）に達する会社になるだろう。さらに社会のペインポイントを効果的に解決すれば、売上高が１０００億元（約１兆６０００億円）に達する会社になるだろう。

たとえば、アプリケーションツールをつくっている企業が、あるユーザーのペインポイントを解決したら、売上高は10億元に達するだろう。ある企業が業界に流通するプラットフォームをつくり、それが「3つのワークフロー（情報フロー、キャッシュフロー、物流）」のうちのどれか1つであったら、売上高は100億元に達するだろう。解決するものが、たとえば、交通機関など社会全体にとってのペインポイントなら、売上高は1000億元に達するだろう。滴滴《ディーディー》［タクシー配車アプリのこと］がその一例である（価値観は別問題。ここでは市場機会という面からのみの観点）。

魚の大きさは池の大きさによって決まるということである。業界のペインポイントを考える際、この3つのレベルを必ず考慮に入れなければならない。ユーザーのペインポイントだけを考えて、業界や社会のペインポイントを見落としがちである。それではどんなに苦労したところで、会社を大きくすることはできない――池が小さすぎるからである。

問い3：業界の将来的発展の傾向とは何か？　業界の最終形態（終局）をどう理解しているか？

「局」という漢字は興味深い。この時代は変化が目まぐるしく、「形勢を読む（識局）」必要があるからだ。形勢を読んでからようやく「形勢を打破する（破局）」ことができる。形勢を打破すると「配置（布局）」することができ、配置の後は「パターンを持つ（格局）」ことができる。パターンがあれば、「最終形態を迎える」（終局）ことができる。

形勢を読む（識局）↓　形勢を打破する（破局）↓　配置する（布局）↓　パターンを持つ（格局）

↓　最終形態を迎える（終局）。この論理を理解すれば、業界の最終形態を理解することが重要であることがわかるだろう。

問い4：業界のバリューチェーン構造は何か？　このバリューチェーンの中にどうやって介入するか？

独自に成長している企業など基本的に存在しないことがわかってきた。あなたが自らネットワークを立ち上げたとしても、他人のネットワークに入ったとしても、ほかのメンバーの助けや協働がなければ、生き残っていくことはできない。中国のインターネット業界を例にすると、アリババ（阿里巴巴）とテンセント（騰訊）という2つのインターネット企業があるが、メディア、文化・クリエイティブ、飲食、デリバリー……思いつく限りのベンチャー企業のどれもが、どちらかのネットワークを選択している。京東《ジンドン》〔インターネット小売業〕や最近上場した美団点評《メイトゥアンディエンピン》〔中国最大のオンライン・ツー・オフラインプラットフォーム企業〕であれ、彼ら自身がすでに強大な組織であっても、この2つのネットワークのどちらかを選択しなければならない。

これら4つの問いに対して答えるプロセスとは、業界の本質について考えるプロセスである。4つの問いをより理解しやすくするために、次にいくつか例を挙げたい。ぜひ参考にしてほしい。

第一に、飲食業界である。飲食業界の本質とは何か。まず、料理の種類、食感、環境等といった有形の体験という部分に大いに注目する。また、サービス、風格、品位といった無形の体験にも注目する。そのため飲食業界の本質とは、「有形の体験と無形の体験を結合させたもの」である。

飲食業界はこれまで温飽《ウェンバオ》〔食欲が満たされればいい状態。質より量〕重視の経済であったが、現在は品質重視の経済へと向かっており、時代はこの業界の基本的な任務を変えてしまった。したがって、単純に食感を追求する飲食業者は必ず失敗するだろう。

第二に、ＥＣ業界である。ＥＣ業界の本質とは何か。それは「商品を販売すること」で、商品販売の本質は「コストと効率」である。経営管理の動きがこの2つのキーワードに落着しないときは、必ず負ける。相手に負けるのではなく、自分自身に負けるのだ。なぜなら業界の本質を守っていないからである。

第三に、高級ブランド業界である。高級ブランド業界の本質とは何か。たとえば、バッグである。機能面から見れば、バッグにはさほどの違いはない。どれも物を収納するものだが、なぜ人はルイ・ヴィトンのバッグにこだわるのだろうか。その本質は「ブランドの識別」にある。ルイ・ヴィトンが売れるのはブランド文化に起因する。ここ数年、一部の消費者はプチ贅沢路線を歩み始めているが、それは社会の文化が「自分のスタイルは自分で決める」傾向にあるからだ。

第四に、充電スタンド業界である。充電スタンド業界の本質とは何か。2015年以来、自動車業界ではテスラの製品が好評を博し、中国には少なくとも700社の充電スタンド会社が出現した。ところが2018年に入ると、700社もあった企業のうち300社が倒産していた。原因は、充電スタンド企業の多くが業界の本質を「製造」だと考えていたことである。実は、本質は「ソフトウェア」である。充電スタンド業界は根本的にメーカーではなく、モノのインターネット業界である。業界の本質に対する認知を誤ると、企業の根底は不安定になり、目標からだんだんかけ離れ、最後はすべてが崩壊の道を辿るのである。

2. 顧客

業界に対する洞察の後、次のステップは顧客のニーズに対する理解である。最も重要なことは次の4つの問いに答えることである。

問い1：会社の目標とする顧客は誰か？　それを正確に描けるか？

コンシューマー向け（ToC）なのか、企業向け（ToB）なのか、政府や自治体向け（ToG）なのか。

問い2：顧客のペインポイントは何か？　顧客のペインポイントをどのように考えるか？

近道は既存のニーズの、市場における満足度を考えることである。顧客が購入を決断する上で最も注目しているニーズの核心とは何なのか。その中から顧客が最も関心のあるいくつかのポイントを探し出す。

問い3：顧客の消費ニーズの変化の傾向は何か？

たとえば、顧客のこれまでの消費ニーズは「機能」だったが、後に「エモーション（感情）」に移り、次に「エクスペリエンス（体験）」に移り、最終的には「参加」に向かっている。また、大きくて機能が揃っているものから小さくて美しいものの追求に変わり、さらにコストパフォーマンスの追求に変わり、最終的に品位と格調の追求に変わっていくことでもある。我々は本当の意味でその変化の傾向を把握しなければならない。

問い4：顧客のために提供するコアバリューとは何か？

価値には機能、品質、コスト、利便性、サービス、イメージという6つの次元がある。これら6つの次元のうち、3つの鍵となる価値を探し出し、さらにその中から1つのコアバリューを探し出す。たとえばスマートフォンは、1時間、電話し続けても発熱しないことが品質に対する消費者の基本的な要求である。だが、メーカーがこの機能を実現するのに苦心したところで、それはスマートフォンのコアバリューとしての宣伝にはならない。

顧客の価値を整理するのに非常によいツールがある。「価値曲線」である。これは有名な経営戦略書『ブルー・オーシャン戦略』（ランダムハウス講談社、新版ダイヤモンド社）の著者ら〔W・チャン・キムとレネ・モボルニュ〕が積極的に推奨しているツールであり、私も企業での講義の際はよくこのツールを用いている。

3. 戦略

戦略とは将来に対して判断し、その判断をもとにして行う計画である。そのため、戦略の選択は永遠にフォーカスする行動であり、フォーカスしたエリアを深く開発し、顧客をフォーカスし、主力製品にフォーカスするのである。

私は国内の多くの企業を訪問し、優秀な企業には共通の特徴があることに気づいた。それは、戦略が経営者の頭の中にあるだけでなく、少なくとも副総裁クラスのマネジャーはそのロードマップを話すことができるという点だ。

ロードマップの答えには鍵となる2つの問題がある。それは、①成長のもととなるものは何か、②成長のルートは何かである。戦略を選択する過程で、最もコアなステップはビジネスモデルをはっきりさせることだ。「ビジネスモデルキャンバス」と呼ばれるツールがあるが、これは9マスで、3つのレベルを通じて「成長のルート」を簡単に探ることができる。第一層は製品モデル、第二層は営業モデル、第三層は勝ちパターンである。製品モデルでは「提供するものは何か」、営業モデルでは「いかにして売るか」、勝ちパターンでは「いかにしてお金を稼ぐか」について回答する。

4. 組織

スターバックスを世界的企業に成長させたハワード・シュルツ〔1953年〜。アメリカの実業家〕はこう言っている。「100階建てのビルを建てたければ、まず100階建てのビルを支えられる基礎をつくれ」。

戦略を選択したら、組織について考えることに力を注がなければならない。組織のインフラが組織の発展規模を満たしていない場合、成長の痛みが起きる。組織の多くは事業の発展がたいへん速く、新たな技術を取り入れて相手を追い越す[1]ことができるが、残念なことに組織自身がこのリズムに追いつけず、最終的に発展の契機を逃してしまう。

ここで、1つの視点を述べたい。事業においては、新たな技術を取り入れて相手を追い越すことができるが、組織の構築においてそれは絶対にできない。企業の稼働プロセスは1つの大きな歯車が数十もの中ぐらいの歯車を伴い、中ぐらいの歯車はたくさんの小さな歯車を率いて稼働するようなものである。このプロセスにおいて、運動エネルギーは少しずつ伝導されていくので、組織の構築において「コーナーでの追い越し」はそもそも不可能である。

しかし、組織の構築において「コーナーでの追い越し」を試みようとする企業は多い。特にインターネット企業は、たとえば、楽視《ルーシー》グループ〔インターネット動画配信企業。創業以来、急成長を遂げたが、急速な事業多角化に伴い債務超過に陥った〕のように、最終的に苦しい事業に組織が追いつかなくなってしまう。

業界から顧客へ、そして戦略へ、さらに組織へ。これは企業のマネジャーが実現戦略を考える上での4つのキーワードである。これは外から内へ、未来の視点に立って今を見つめるプロセスである。従業員たちを率い、この明快な論理に則って戦略計画を整理し、戦略を実現させれば、すぐに全員の言行を統一できるだろう。この角度から考えると、任正非がなぜファーウェイ内部で「方向性はだいたいにおいて正しいか、組織に活力は溢れているか」を繰り返し強調するのかを理解することができるだろう。

注

1　原文は「彎道超車」。本来の意味はカーレースの用語で「コーナーでの追い越し」。現在の産業の技術は「コーナー」にさしかかっていて、その「カーブ」をほかの国よりうまく回れば、一気に先頭に立つ可能性が出てくるという意味。産業技術のほか、経済や国際政治などにも使われる。

30 「無人区（未開の地）」

リーダーになることと、リーダーになることを学ぶこと

【任正非語録】

会社は本流を把握するだけでなく、「1杯のコーヒーで宇宙エネルギーを吸収する」ために突進すべきです。無人区（未開の地）に断固として攻め入れば、利益の衝突と矛盾は起きません。我々は公正に拡大していますし、誰かから力を借りるのは、この世界でともに発展していくのに有利な場合に限ります。大企業は我々に反対しないでしょうし、中小企業は足もとに及ばないので、言うまでもありません。未開の地に断固として攻め入れば、競争相手はいなくなり、我々は自由に飛び回ることができるのです。

では、未開の地とは何でしょうか。第一に、前に進む道や方向を誰もはっきりと示してくれないことです。第二に、規則もなく、どこに落とし穴があるかもわからない、完全に新たな探究分野に入っていくことです。かつてのファーウェイは誰かの後を追いかけるだけでしたが、それで道を切り拓くのにだいぶ節約できました。ですが今日に至って、我々は必ず自ら道を切り拓かなければなりません。道を切り拓く際、誤った道を避けて進むことは難しいのです。

出典：フェロー座談会での任正非のスピーチ、2016年5月5日・6日・17日・18日

『ファーウェイ基本法』起草者の1人で、ファーウェイ首席経営科学者の黄衛偉《ホアンウェイウェイ》教授には、非常に透徹した論断がある。それは、「**企業の長期的戦略の本質は、どうしたら業界のリーダーになれるか、どうやって業界のリーダーをやるかをめぐる展開である**」というものだ。この論断は任正非から高い賞賛を受け、最終的に黄衛偉教授の著作『顧客第一主義』の冒頭の挨拶に選ばれた。この言葉は「無人区（未開の地）」とたいへん密切な関係がある。

「無人区（未開の地）」の本義は誰も住んでいない、無人の荒野のことである。中国人の中にある「未開の地」のイメージは、寧浩《ニンハオ》[1]が監督した中国国内で初めて西北地方の道路を扱った映画『無人区』（2013年）〔英語タイトルは“No Man's Land”〕だろうか。この映画の主なロケ地は敦煌《とんこう》〔中国甘粛省《かんしゅくしょう》北西部にある都市〕、クムル市、トルファン、カラマイ〔いずれも新疆ウイグル自治区に位置する地方都市〕等のゴビ砂漠に集中している。

2016年5月以降、ファーウェイ内部で突如、「無人区」という語がホットな話題になった。これは件の映画とは直接関係はないが、任正非が全国科学技術イノベーション大会で行った報告に関係している。

2016年5月30日、全国科学技術イノベーション大会が人民大会堂[2]で開催され、中国科学院と

中国工程院[3]の学者たちが一堂に会した。このハイレベルな大会で、任正非は「祖国100年の科学技術振興のために努力する」というタイトルで報告を行った。未来について任正非はこう語っている。

　これからの20〜30年、人類社会はインテリジェントな社会へと様変わりします。その深さや広さは我々の想像を絶するものになるでしょう。企業がイノベーションを守り抜くことができなければ、いずれは覆されます。通信分野を牽引する企業として、ファーウェイも寂しさを感じています。

任正非は言う。ファーウェイは「まさにこの業界において未開の地に攻め入り始めたところです。そこには水先案内人はいませんし、既定のルールもない、後に従う者もいない困難な場所です」、「前途は茫々としていて、方向性が定まらないことを感じています」。このような状況にあっても、ファーウェイはそれに立ち向かい、逆風にも耐性のある戦略と巨費の投入により大きなイノベーションを追求し、最も優秀な人材でさらに優秀な人材を育成するのである。

「ファーウェイはこんなに素晴らしい発展を遂げているのに、任正非がそんなことを言うのは屁理屈ではないか？」と言う人がいるが、任正非は屁理屈で言っているのではないと私は思っている。

２０１３年はファーウェイ発展史におけるマイルストーンとして意義ある年であった。先に述べたように、この年のファーウェイの売上高がエリクソンを追い越し、ファーウェイが世界の通信機器メーカーのトップの座に上り詰めたのだ。１９８７年の創立から２０１３年までの25年間、ファーウェイはずっとリーダーとして奮闘してきたが、ファーウェイの元董事長である孫亜芳《スンヤーファン》の言葉を借りれば、まさに「世界一になる道を歩かなければならなかった」。

だが、この25年の間、業界の古株ではなかったファーウェイは聡明なストラテジーを使って生き残り、発展してきた。それは**「追随」と「ベンチマーキング」**である。2番手、3番手というのは、実のところとても幸せなことだ。1番手が基準を定め、1本の道を渡って通れるようにしてくれるので、それを学んで進めばいいからだ。1番手が前でつまずいたら用心すればいい。同じ失敗を繰り返してはならない。

そのためファーウェイの従業員にはある思考パターンができていて、新しい物を開発するたびに期せずしてみんなが同じことを考える。業界の最良の実践とは何か、業界のトップはどうするか、と。

ファーウェイの事業者向けのレポートには、よく「E///」という記号が使われているが、これはエリクソンのことである。エリクソンのロゴは斜め線が3本入ったものだからだ。

たとえば、顧客ストラテジーにおいて、エリクソンが「お客様に寄り添って勝つ」ことを打ち出したとする。するとファーウェイはそれをベンチマーキングして、「優れたリソースは優良顧客へ傾く」という方針を打ち出す。

引き渡しの要件においても、ファーウェイはエリクソンをベンチマーキングし、拠点からの出荷と、契約書の検収規模の縮小という2点を学ぶ。

また、生産性のマネジメントでは、ファーウェイは常に自己の生産性をエリクソンの生産性と量的に比較して、各部門に改善を促している。

さらに、財務マネジメントにおいても、エリクソンから学んでいる。エリクソンの実践に基づいて、財務部門は自身のスローガンである「5つの〝1〟」〔任正非の２０１４年の新年挨拶において掲げられた、２０１４年の実現目標。ＰＯ（Purchase Order、発注）の「1日前」処理、注文から出荷までの準備は「1週間」、すべての製品は注文から顧客指定の場所まで「1か月」、ソフトは顧客の注文からダウンロードまで「1分間」、拠点における受け渡しと検収は「1か月」、を指す〕に帰納させている。

この目標を実現させるには、まず帳簿が正確でなければならない。帳簿が正確であるためにはそれを支えるツールが必要である。そのため、ファーウェイはＬＴＣ[4]を取り入れてワークフローを変更した。

任正非はバルセロナで行われた通信関連の展示会に参加した際、わざわざエリクソンの展示ブースを見に行き、戻ってきてこう言った。

「エリクソンの展示ブースを見てきましたが、エリクソンは来場者に彼らのペインポイントだけを話していました。コンサルティングの専門家は来場者が来る前から、彼らにその点を話すことを研究済みでした。その点を徹底的に説明して、その後は来場者が展示を見続けたいと思えば自由に見学させました。我々の展示ブースの展示やイベントは、小学生を接待するかのようです。来場者にすべての展示をひと通り見せて、接客スタッフが1人ひとりにABCから説明するといったように……。我々の接客スタッフはコンサルティングの専門家としてではなく、解説者として存在しているのです。我々も来場者のペインポイントは何かということに直接切り込み、掘り下げて明らかにし、それから自分たちのソリューションは何かを話すようにしなければなりません」。

ファーウェイがほかの企業とまったく違うところはどこか、みなさんはもうおわかりだろうか。多くの企業は傲慢な態度で競争相手を見ている。そうすると社内では「競争相手もこの程度」という論調が生まれ、従業員たちに根拠のないプライドが生まれる。これでは、結果は悪いものにしかならない。さらに、競争相手はこの程度で、自分たちは彼らより優れている、改善すべき点などこにあるのかと考えると、組織は現状に甘んじて進歩を求めない状態に陥る。

ファーウェイは競争相手を教師としているため、彼らの長所を見極めることができ、よいところはすぐに学び、量的指標で学び、全体的に学び、オープンに学び、学び終えたらまた競争相手と市場で競争する。まさに**「夷狄《いてき》の技を以て夷狄を制す」**（「夷狄」とは外国のこと。外国企業の技術を利用して相手に勝つこと」を実践しているのである。

ファーウェイは後にスマートフォン市場に参入したが、社内ではずっとアップルをベンチマーキングしていた。ファーウェイコンシューマー・ビジネス・グループによるレポートの中で、「アップル」は頻出語の1つで、消費者の消費傾向あるいは市場ニーズに対して、アップルはどう考え、どう対応しているのか、ファーウェイとアップルの差はどこにあるのか……等、詳細に分析している。

2015年に「Ascend Mate7」〔ファーウェイのプレミアムモデルに位置づけられた製品。6インチのフルHD液晶や、指紋認証センサー、薄型のボディなどが特徴で、グローバル展開においてもフラッグシップモデルとして発表された。ファーウェイがスマートフォン市場で特に注目されるようになったマイルストーン的製品〕がスマートフォン市場で人気を博してから、ファーウェイのスマートフォンは3～4年ですぐにスマートフォン事業の世界第2位となり、将来的に世界一になるのも不可能なことではなくなっている。

ファーウェイは、このように少しずつかつての競争相手から勝利を収めている。そのため私は「ファーウェイマネジメントの道」の講義の際、次のことを繰り返し強調している。それは、業界企業がファーウェイに学ぶ際、まず**ファーウェイがどうやって他人から学んでいるのかを学ぶべきであ**

るということだ。世界には他人をコピーして成功した企業というのはそう多くない。ファーウェイも例外ではない。ファーウェイは他人から学んだことを基礎として改善を続け、最終的に師匠よりもよいものを生み出しているのだ。

こういった「ベンチマーキング」の前提条件として、ファーウェイは必ず追従者であるということはもうおわかりだろう。ところが２０１３年以降、エリクソンを追い越して通信業界のリーダーになってからというもの、ファーウェイは困惑し始めた。第一に、ファーウェイは業界をリードする立場になっているため、後続の２番手、３番手がどうやっているのかを振り返ることができないという点である。第二に、ファーウェイは業界のリーダーとしての責任を担わなければならず、「先導者」を務めるからには、業界の発展を推し進めるために自らが貢献をしなければならない。それはまさにかつてのリーダーたちのような道を歩むことである。

このときファーウェイは、技術革新は難易度が高いが、従業員18万人のマインドセットを変えることのほうがもっと困難であることに気づいた。これは、２０１６年5月30日に行われた全国科学技術イノベーション大会において、ファーウェイが「未開の地」に足を踏み入れたことへの困惑を、任正非が語った大きな原因であると私は考えている。

ここで、「未開の地」に足を踏み入れたファーウェイの対策、対処についてまとめておく。

(1) 基礎研究への投資を強化する

世界中の研究者を結集させ、技術の精鋭たちの力を大量に投入して「2012ラボ」（詳細は次項）を設立した。工業数学、物理的アルゴリズムといったエンジニアリング・サイエンスのイノベーション研究開発から少しずつ基礎理論研究に入っていく。

(2) 複数のルート、複数の梯団（チーム）で飽和攻撃する

組織が「未開の地」へ前進するプロセスにおいて、複数のルートがあれば膠着はしない。また複数の梯団〔大兵団が移動をするときなどに、便宜上分けたいくつかの部隊〕、その各部隊さえあれば怠けることはない。それぞれの梯団が上方に突撃する際、彼らの視線はすでに山頂にフォーカスされていて、周囲の物は目に入らず、また見ようとも思わず、山頂攻略の1点しかなくなっているからだ。第一梯団が山頂を攻略し精根尽き果てたら、第二梯団が出動するときだ。第二梯団の任務は視野を広く持ち、夜空に注目し、周囲を片づけることである。こうして、ビッグデータの流通量と伝送という問題において、「未開の地」に攻め入ることができる。

(3) 1杯のコーヒーで宇宙エネルギーを吸収する

人材マネジメントを改革し、「不器用」を容認し、ブラックスワンがファーウェイのコーヒーカップの中で飛び回ることを奨励する。ファーウェイは不確定な要素に対する研究に力を入れ、数十

に及ぶコンピタンスセンターの研究者と数万名のエキスパートおよびエンジニアが交流を深め、それぞれが思想をぶつけ合わせて、1杯のコーヒーで相手の思想の火花とエネルギーを吸収することを推奨し、戦略技術シンポジウムを「オープンスペース」に変え、科学技術についてオープンに討論するプラットフォームに変えて、思想の火花を散らせるようにしている。

物事にはすべて二面性がある。ファーウェイは2Gの時代は遅れ、3Gの時代で追いつき、4Gの時代で追い越し、5Gの時代になってリードし、現在はついに「未開の地」に足を踏み入れた。

ファーウェイにとって、この地でのイノベーション、ブレークスルーはたいへん苦しいことである。

だがここへ足を踏み入れれば、競争相手は追いついてこない。人の足を踏むことはなく、ビジネスの生態環境が改善されれば、製品の価格設定力もさらに強くなり、市場の前途もさらに広大なものとなる。

「偉大なる者は、心安まるときはない」〔シェイクスピア『ヘンリー四世』の一節〕。強者とは、古より孤独である。ファーウェイがよき強者であることを願ってやまない。

注

1　1977年〜。映画監督。チャン・イーモウやチェン・カイコーなど中国を代表する名監督らの後を担うヒット作の名手と期待されている。中国版フォーブスの富豪ベスト500にランクインしたことも。『クレイジー・ストーン 翡翠狂騒曲』（2006年）や『ニセ薬じゃない！（薬の神じゃない！）』（2018年）は日本でも公開されている。

2 北京市の天安門広場の西にある中国の国会議事堂。国会にあたる全国人民代表大会や中国共産党大会などの重要会議が開催される。

3 いずれも国家の研究機関。科学院は自然科学およびハイテク総合研究の最高研究機関、工程院は技術分野の最高研究機関。

4 Leads To Cash（リードから請求管理まで）の略。見込み客の発掘から売掛金の回収までという企業の運営マネジメント思想のこと。

31　２０１２ラボ

「未開の地」の険しい道を切り拓き、ファーウェイの「ノアの方舟」を構築する

【任正非語録】

将来のハイエンド技術の構築に照準を合わせる過程で、「２０１２ラボ」というのはあえて本流で攻撃する必要があります。小さな商品をつくって小銭を稼いでいてはいけません。ＡＩの研究開発技術は、難易度が高くなるほどやる価値があります。我々はここ数年で得た資金を大胆に投入して構築のテンポを上げ、サービスには最も先進的なツールを使うべきです。これらの技術が実用化されるまでにはまだ時間が必要ですので、我々は忍耐を持たなければなりません。

出典：ファーウェイ２０１２ノアの方舟研究所座談会における任正非のスピーチ、２０１６年８月10日

『２０１２』は人類滅亡をテーマにしたＳＦ映画である。監督はローランド・エメリッヒで、ジョン・キューザック、タンディ・ニュートン、アマンダ・ピート、キウェテル・イジョフォーらが出演しており、２００９年11月13日にアメリカで公開された。主人公や世界中のさまざまな人々が終

末の到来を前に、生を求めてもがく姿が描かれ、巨大災難を前にした人間の、あらゆる感情や行動が赤裸々に表現されている。

ファーウェイは技術革新を追求し続ける会社であり、任正非はあるスピーチの中でこう言及している。

> 顧客第一主義を唱えすぎてからというもの、我々はおそらく、ある極端なところからもう一方の極端なところへ向かってしまったようで、技術を中心とする先行戦略をおろそかにしていました。将来、我々は技術を中心とすることと、顧客第一主義の双方をツイストドーナツ[1]のように撚り合わせて、顧客のニーズを中心とする製品をつくるのです。技術を中心として、将来的に構造性を持ったプラットフォームを構築し、将来性、戦略性のあることへの投資に力を入れ、未来に向き合う技術的優位性を構築しなければなりません。

ファーウェイは全世界に16の研究開発センターを擁しているが、ＳＦ映画『２０１２』から啓発を受けて、２０１１年に基礎科学研究を主眼とする「ファーウェイ２０１２ラボ」を設立した。ここでは情報・通信技術分野の最前線の技術および将来の不確実性に特化した研究が行われており、これも世界をリードする欧米の大企業が行っているマネジメント体系の慣例に合致している。

人類社会はまさに転換期にあり、今後20~30年以内にインテリジェントな社会に変わっていく、と任正非は考えている。インテリジェントな社会とは、情報ビッグバンの社会であり、莫大なチャンスに満ちている。だが、データの洪水があまりに激しすぎれば、方向性のない努力は価値を生み出さなくなってしまう。強い危機感を持っていることで有名なファーウェイは、情報の洪水の中で、不確かなことに向かうための「ノアの方舟」を構築すべく、今後10～20年生き残れる能力を培い、将来的に生き残れる少数の企業を目指す。

2012ラボは、ファーウェイの「イノベーション特区」で、およそ1・5万人が在籍している。イノベーション、研究、プラットフォーム開発の中心で、将来の方向性を探究する主力チームである。さらに、会社全体の研究開発能力を向上させる責任者でもある。2012ラボはファーウェイの将来的なコアコンピタンスを代表し、またファーウェイ自身の基礎研究の水準を代表するところでもある。ここでは、世界をリードする最前線の研究者と研究開発に携わる従業員たちが、超フロントエンドの基礎科学技術について研究開発を行っている。

超フロントエンドの基礎科学技術に継続的に力を入れることで、業界の水先案内人になれるし、こういった大規模のエキスパートチームのおかげで、自由な発想で製品を生み出すことができ、次の成功へと導いてくれる。

2012ラボは、主に今後5～10年に発展するであろう方向を向いていて、戦略的な意味合いがきわめて高い組織だ。新たな通信、クラウド、オーディオビジュアル分析、データマイニング、ロボット学習などを主に研究する。2012ラボの2級部門〔下位部門〕には中央ハードウェア工学院、ハイシリコン（海思《ハイスー》。ファーウェイ傘下の半導体設計企業）、研究開発コンピタンスセンター、中央ソフトウェア学院がある。

統計によれば、ファーウェイの従業員18・8万人のうち、半分近くが研究開発事業に従事しており、「従業員のうち2人に1人が研究開発者」であると言っても過言ではない。これは世界最大規模の研究開発チームである。過去30年、ファーウェイの研究開発費は累計3000億元〔約4・8兆円〕を超えており、創業から今に至るまで、売上高の10％以上を研究開発に投入し続けている。

かつて主任として研究開発に長期間携わった常務董事の丁耘《ディンユン》はこう言っている。「10％以下になれば、私がクビになります」。ファーウェイでは、年間の研究開発費の30％を基礎研究に投じており、基礎研究では失敗の確率が高くても許されている。

2012ラボの傘下で知名度が最も高いのは「ノアの方舟研究所」である。ここは主にAIをめぐる研究事業が展開されている。香港サイエンスパーク〔香港科技園（HKSTP）。香港特別行政区政府が2001年に設立した大規模な研究開発拠点〕にあり、世界各国から招聘された研究者が基礎研究にあたっている。大規模なデータマイニングや機械学習部門、ソーシャルメディアやモバイル・インテリジェンス部門、ヒューマンコンピュータインタラクション（HCI）システム部門、機械学習理論部門等の自然言語処理や情報検索部門が設けられている。

もしファーウェイ深圳坂田基地に行く機会があれば、敷地内周辺の道路にはベル路、稼先《ジアシェン》路、隆《ルー》平《ピン》路、張衡《ちょうこう》路、沖之《ちゅうし》大通り、キュリー夫人大通り……といった具合に、すべて研究者の名がつけられていることに気づくだろう。[2] 同様に、２０１２ラボ傘下には「ノアの方舟研究所」のほか、世界の著名な科学者の名などのついたラボ――たとえば、シャノンラボ、チューリングラボ、オイラーラボ、ガウスラボ、シールドラボといった変わった名のラボがある。[3]

シャノンラボは、主にビッグデータのＨＴＣ（ハイスループットコンピューティング）の研究事業を展開している。チューリングラボは、主に組み込みプロセッサのチップのアーキテクチャ研究事業を展開している。オイラーラボは、主に自社ＯＳの研究事業を展開している。ガウスラボは、主にデータベースマネジメントシステムの研究事業を展開している。シールドラボは、主にネットワークセキュリティ、デバイスセキュリティ、クラウド・仮想化・セキュリティ、パスワードアルゴリズムの研究事業を展開している。

このほか、２０１２ラボはヨーロッパ、インド、アメリカ、カナダ、日本等にも基礎研究所を設立しており、すべて現地における世界最先端技術の基礎研究を行っている。これらの研究所の研究開発に携わる従業員は少ないところでも３００名、多いところでは万単位に上る。彼らは常に本流をしっかりと見つめ、戦略的な力を非戦略的な機会のために消耗しないようにしている。

フランスの数学研究所ではフランス基礎数学のリソースを掘り下げ、通信の物理層、ネットワーク層、分散コンピューティング、データ圧縮ストレージ等の基礎アルゴリズム研究事業に力を入れており、長期的には5G等の戦略プロジェクトに焦点を当てている。

ロシア研究所には基礎アルゴリズムをリードする現地スタッフが集結しており、その傘下には非線形コンピタンスセンター、アルゴリズムエンジニアリングコンピタンスセンター、最適化コンピタンスセンター、チャネルコードコンピタンスセンター、チャネルデコードコンピタンスセンター、ビッグデータ分析コンピタンスセンター、並列プログラミングコンピタンスセンターという7つのコンピタンスセンターがある。

カナダ研究所では、主に5Gのコアコンピタンスの研究が行われている。オフィスはオタワ、トロント、モントリオールとウォータールー等の複数の都市に設置されている。

日本研究所では、主にハイエンド材料の研究事業が行われている。

インド研究所では、主にソフトウェアエンジニアリングの研究と引き渡し事業が行われている。

これでおわかりだろう。業界は「環境を整えて人材を待つ」[4]を主張するが、ファーウェイはそうはしない。ファーウェイは、1%の人材を育成によって得ることは難しく、「発見する」しかないと認識している。このような人材について、ファーウェイはかなりの「譲歩」をしている。トップの科学者を1人招くために、その人物の故郷に研究所を設けることも厭わない。

たとえば、レナート・ロンバルディ氏は世界的に有名なマイクロ波の研究者だが、ファーウェイは氏のために、故郷のイタリア・ミラノにマイクロ波研究センターを開設した。また、世界的に有名なビジネスアーキテクトのマーティン・クリーナー氏のために、アイルランドのコーク市（クリーナー氏の居住地）に研究所を設立している。ファーウェイがこのようなことをする目的は、科学者が安心して研究に打ち込み、人材に最良の状態でその価値を発揮してもらうためである。

2012ラボは、中国国内でもトップクラスの研究水準を誇っており、世界中に大きな影響力を持っている。とはいえ任正非は、ファーウェイの目下のイノベーションは技術理論分野でのイノベーションではなく、エンジニアリング分野に留まっており、基礎研究にはさらなる努力をする必要があると考えている。2016年5月30日、全国科学技術イノベーション大会が人民大会堂で行われた際、任正非は中国科学院と中国工程院（274ページ注参照）の学者たちを前にしてこう言っている。

ファーウェイの現在の水準はまだ工業数学、物理的アルゴリズム等といったエンジニアリング・サイエンスのイノベーションレベルに留まっていて、基礎理論の研究分野に真の意味で入っていません。シャノンの定理、ムーアの法則の極限にまで少しずつ近づくにつれて、大容量、低遅延の理論に対してまだイノベーションを起こせていません。ファーウェイの前途は茫々としていて、方向性が見えていません。進路を見失っている中を前進しているのです。

だが、私はファーウェイの体内には「ビジネスエンジニア」があると考えている。ファーウェイには2012ラボがあるが、将来的にはやはり顧客に向き合う応用型の研究開発にさらに力を入れ、市場で必要とされる製品をつくり続けなければならない。

注

1 生地が捻れている揚げパン「擰麻花（ニンマーホア）」のこと。

2 「ベル」アレクサンダー・グラハム・ベル、1847〜1922年。科学者、発明家、工学者。世界初の実用的電話を発明。「稼先」鄧稼先（ダンジアシェン）、1924〜1986年。物理学者。中国原爆の父。「隆平」袁隆平（イエンルーピン）、1930年〜。中国ハイブリッド水稲の父。「張衡」（ちょうこう）78〜139年。後漢の政治家。天文学者、数学者、地理学者でもあった。「沖之」祖沖之（そちゅうし）、429〜500年。中国南北朝時代の天文学者、数学者、発明家。円周率の計算で有名。「キュリー夫人」マリ・キュリー、1867〜1934年。物理学者、化学者。放射線の研究で1903年にノーベル物理学賞、1911年にノーベル化学賞を受賞。

3 「シャノン」クロード・シャノン、1916〜2001年。情報理論の考案者であり、情報理論の父とも呼ばれる。「チューリング」アラン・チューリング、1912〜1954年。コンピュータの概念を初めて理論化。エニグマの暗号解読により対独戦争を勝利に導いた。「オイラー」レオンハルト・オイラー、1707〜1783年。数学者、数理科学者。「ガウス」カール・フリードリヒ・ガウス、1777〜1855年。数学者、天文学者、物理学者。近代数学のほとんどの分野に影響を与えたとされる。「シールド」は人名ではなく、盾の意味で、セキュリティ関係の研究室。

4 原文は「築巣引鳳（ジューチャオインフォン）」、つまり巣をつくって鳳凰をおびき寄せること。

32 ピンポイント戦略

「未開の地」を制するには、1本の針で天を破るべし

【任正非語録】

私にはある考えがあります。ピンポイント戦略の発展は、実は平和的台頭なのです。[*]我々が「未開の地」に少しずつ突き進んでいけば、各方面の利益団体の足を踏むことはありません。つまりこれが平和的台頭となるのです。この戦略を守り抜けば、業界をリードできる可能性があり、それは実質的にアメリカの同業者を追い越すことになるのです。

＊原文は「和平崛起」。中国は現存の国際秩序を乱さないよう平和的に国際社会の中で中国の役割を果たしていくという考え。中国共産党の高級幹部を養成する機関、中共中央党校の常務副校長であった鄭必堅（ジェンビージェン）が2003年に提唱した概念で、胡錦濤（フージンタオ）政権の政治構想となった。

出典：人的資源事業報告会での任正非のスピーチ、2014年6月24日

ファーウェイの戦略は「本流戦略」、「パイプ戦略」である。だが一部のメディアは、ファーウェイの事業が集中していることから、「1本の針で天を破る」方法〔ごく小さなやり方で消費者の弱点を突くこと〕[1]を使っているとして、よりイメージしやすい「ピンポイント戦略」と名づけた。任正非は、

これはファーウェイの戦略の真理を言い表していると強く賛同している。また、「ピンポイント戦略」は、「苦心し努力すること」、「自己批判」とともにファーウェイ成功への三種の神器であるともいわれている。

2013年はファーウェイ発展史におけるマイルストーンとして意義ある年であったが、それは先にも述べたように、この年、ファーウェイがエリクソンを抜いて世界の通信機器メーカーのトップの座に上り詰めたことにある。この年から、ファーウェイは事業の数を狭めて、**圧強戦略**〔人材や物資、財力を集中的に投入して重要なプロジェクトを成功させること〕を原則とするようになった。

また、本流で複数のルート、複数の梯団、複数のシーンを持たせるという路線を貫き、縦方向には攻撃するが、横方向には攻撃しないことを主張している。「横方向に攻撃」とは、企業が多様化の戦略を講じることであるが、山のふもとばかりを攻略すれば高地を占めることができず、そればかりか他人の足を踏むことになり、一連の衝突を誘発してしまう。こういった衝突を解決するために、企業はエネルギー（たとえば訴訟問題）をある程度消耗しなければならず、高地を制するのにたいへん不利である。

ビッグデータ流通量の高地は、競争参加者が非常に少ないか、または競争相手がいない。こうしてファーウェイは、他人との利益の衝突を生むことなく、将来のバリューチェーンを長く太くしている。ファーウェイが採用する「ピンポイント戦略」をよりわかりやすく説明すると、**最前線まで突撃し、圧倒的にリードし、「未開の地」を制すれば、競争相手はいなくなる。そうなれば他人の**

足を踏むこともないので、他人との利益の衝突は生まれるはずがない、ということになる。

ファーウェイが製品ラインごと、地域ごとに要求しているのは、「ピンポイント戦略」で「未開の地」を突き進み、戦略的な力を非戦略的な機会に消耗しないことを堅守し、その他の利益団体の足をできるだけ踏まずにビジネスの生態環境を改善していくことである。重要な地域で切り込んでいけない製品というのは、たいてい厳しい「重税」が課されていて、制限があるものだ。

任正非は将来の展望を深く見据えており、[2]成功したアメリカの企業が手掛けた事業の多くは、その事業に集中しているということをよく理解している。任正非は謙虚にこう言う。

我々がアメリカの同業者を追い越すには、針の先ほどの範囲で彼らをリードするだけでよく、マッチ棒の頭もしくは小さな木の棒ぐらいに広げてしまったら、こういう追い越しは実現不可能でしょう。ファーウェイは従業員が本流で主観的に能動性と創造性を発揮することだけを許可し、盲目的なイノベーションをすることで、会社の資本投資や力を分散させることを許しません。本流ではない事業は、やはり成功した企業から真剣に学ぶべきです。安定した、確実な運営を守り抜き、合理性と有効性を保ち、マネジメント体系はできるだけシンプルであるべきです。盲目的なイノベーションは防ぐべきで、四方八方でイノベーションを合唱すれば、それは我々の挽歌になるのです。

しかし、「ピンポイント戦略」は「言うは易し、行うは難し」である。理性で欲望を抑えるようなもので、誘惑との戦いであるからだ。たとえば、田んぼを耕しに行こうというとき、果物がたわわに実った果樹園を通り過ぎたら、足を止めて果物を採ろうという誘惑にかられないだろうか。だが、任正非はそれをしない。それこそが任正非と普通の企業家の違いである。任正非には戦略を決断していくきわめて強い意志があるのだ。

注

1 北京大学訪問教授の呉霽虹（ウージーホン）氏が自著『衆創時代』で提唱した方法。

2 原文は、毛沢東が提起した政治スローガン「抬頭看路」。

33 成功は未来へ進むための頼れる案内人ではない

ファーウェイに歴史など必要ない
――すべての物がインターネットで繋がるインテリジェントな世界を構築する

【任正非語録】

ファーウェイの過去の成功は、将来の成功を約束できるでしょうか。そうとは限りません。成功は、未来へ進むための頼れる案内人ではありません。成功は我々を経験主義（を信じるよう）にさせるかもしれませんし、落とし穴に落とすかもしれません。歴史的に見ても、大きな成功を収めた会社が落とし穴に落ちた例というのは枚挙に暇がありません。時間、空間、マネジャーの状態はいずれも絶えず変化するので、我々は過去に頼ることはできず、成功をコピーすることはできません。成功できるかどうかは、我々が自分たちの文化と経験をしっかりと把握し、応用しつつ、柔軟に実践していくことにかかっています。ですがこれは簡単なことではありません。

出典：２０１１年１月17日、社内マーケティング大会での任正非のスピーチ、総裁名義メールNo.［２０１１］04号

ファーウェイは「歴史」をまったく重んじない企業だ。大企業を訪問すると、その企業の資料館

に連れて行かれ、企業の発展史を聞いたり、これまでどんなに輝かしい成果を上げたかを聞いたりする。だが、ファーウェイ深圳坂田基地もしくは松山湖の溪流背坡村《シーリウベイポー》に行く機会があれば、そこには「ファーウェイの歴史」に関するものは皆無に等しいことがわかるだろう。「ファーウェイ資料館」などは言うまでもない。ファーウェイは自社の歴史ではなく、未来についてだけを語りたいのだ。それは「未来の5G時代がどれほど素晴らしいか、ファーウェイがいかにして個人、家庭、組織をデジタルの世界へと誘うことに力を入れているか、いかにしてすべての物がインターネットで繋がるインテリジェントな世界を構築しようとしているか」ということである。ファーウェイの生き残りの理念とは**「成長あるのみ、成功などない。すべての成功は暫定的なものにすぎない」**だからだ。

「歴史」を重んじる企業は、往々にして自らが歩んできた道に絶大なプライドを持っているので、自然と「経路依存性」ができあがっている。そのような企業が新たな機会に向き合うとき、経験主義に基づいた旧態依然ぶりがマインドセットされてしまう。だが、成功は未来へ進むための頼れる案内人ではない。企業が生き延びることは、生物学における「進化の法則」を守ることでもある。外部環境が緩やかに変化するとき、蓄積され続けるのは優位性である。だが、外部環境が急激に変化するとき、過去の経験に頼ることで生じる障害を警戒しなければならない。

ファーウェイが考える「総括」と「止揚」[1]の原則とは次の点である。

まず、人間性に関わるマネジメントの経験については、将来的にも適用されるであろうということとである。また、事業や環境に関わる経験については、変化する可能性があるので、経路依存性が起きないということである。30年の探究でファーウェイが得たものは、企業が進化する前提とは**「オープンであること」**だ。企業はオープンでニュートラルな心を保ち続け、外部の情報を深く観察し吸収してこそイノベーションができ、孤立することがない。また変化し、反復し、進化することで、常に時代に適応するリーダー企業になる機会が持てる。

多くの企業は、会社を大きくすることに力を集中させれば、生き残りのリスクを低減できると考えがちだ。だが地球上にはかつて人類よりもはるかに巨大な生物がいて、彼らが繁栄していた時代は人類の歴史よりもずっと長く、およそ1・2億年（人類が出現してからはたったの600万年）に及ぶ。だが、彼らはもはや地球上に存在しない。その生物とは恐竜のことである。生物学者のチャールズ・ダーウィン[2]はこんなことを言っている。「変化の速い時期に生き残れるのは最も強い者ではなく、最も聡明な者でもない。それは変化に対して反応する能力が最も強い者である」。

今、企業が置かれている経営環境は、ゆったりとしたリズムで、確実だった「工業化の時代」から、テンポが速く、きわめて不確実な「デジタルの時代」に変わりつつある。時間軸が急激に短縮されて、2年前までは有効だった経営方法も、今年にはとっくに無効になっている。大企業がかつて生きていく拠り所としていた「規模」という優位性は、「大きな船ほど船の向きを変えにくい」[3]といった劣位性に変わってしまった。

過去の成功体験は、かえって組織の呪縛となり、新たな状況を開拓する際の手かせ足かせになった。そのため目先の利く大企業はみな、組織レベルで事業を行うようにし、組織を小さくしている。たとえば、ハイアール〔海爾集団。中国の大手家電メーカー〕は自社を2000の「ミクロ企業」に分解しているし、ファーウェイは「作戦」ユニットを「師団長の戦い」から「班長の戦い」に変えている。業界でここ数年巻き起こっている「アメーバ経営」〔京セラ名誉会長の稲盛和夫氏が編み出した経営手法〕の風潮も、組織変革を通じて企業が感度の高い触角を持つことで、外部環境の変化に素早く反応することができるものだ。

ファーウェイのこういった強力な感度は、独自につくり上げたビジネスモデルに生かされている。ファーウェイは元来、典型的なＴｏＢ〔企業向け〕モデルの企業であったが、今では世界中で唯一の、3種類の販売モデルを同一のブランドで通す企業である。Ｔｏ大Ｂ〔大企業向け〕、Ｔｏ小Ｂ〔中小企業向け〕、ＴｏＣ〔コンシューマー向け〕である。ファーウェイの競争相手であるエリクソンはネットワーク設備を手掛けているが、中小企業向けの事業も、コンシューマー向けの事業も行わず、早々にスマートフォン事業を売却してしまった。ノキアは早くからスマートフォンやネットワーク設備を手掛けていたが、コストが高すぎることからネットワーク設備事業をシーメンスと合併した。ノキアももう中小企業の顧客へサービスを提供することはないだろう。ファーウェイの素晴らしいところというのは、3種類のすべてをやり通していることである。

まず、大企業クラスの顧客に対しては、ファーウェイが事業者向け事業を行うことになった頃、中国国内の顧客は中国移動（チャイナモバイル）、中国聯通（チャイナユニコム）、中国電信（チャイナテレコム）の3社しかなかった。実は、他国でも一般に通信キャリアは数社しかなく、世界中の潜在顧客は400社にも至らなかった。この種の典型的な大企業クラスの顧客向け事業は、通信キャリア向けBGが手掛けている。

多くの人が不思議がるのは、なぜファーウェイは早く広告を打たないのか、なぜ任正非はメディアのインタビューを受けたがらないのかということだ。これはファーウェイのビジネスモデルで決まっていることで、消費者サイドに対して大きな市場シェアをつくることを宣伝しても何の助けにもならないからだ。ならば真面目に設備の質を上げること、サービスの質を高めることに励み、顧客であるキャリアからの信用を勝ち得たほうがよい。

当時のファーウェイの競争相手はノキア、エリクソン、アルカテル・ルーセント、ルーセント・テクノロジー、ノーテルネットワークス等であったが、ファーウェイは彼らを一歩ずつ追い越していった。これらかつての巨頭たちは市場で淘汰されるのを回避するために、同盟を結ぶというスタイルを取った。たとえば、ノキアとシーメンスは合併して「ノキア・シーメンス・ネットワークス」になり〔さらに改組して2020年現在では「ノキアソリューションズ&ネットワークス合同会社」となっている〕、アルカテルとルーセント・テクノロジーも合併して「アルカテル・ルーセント」となった具合にだ。だが合併後のパートナーシップ事業は退勢を挽回することはなかった。

次に、中小企業の顧客に対しては、エンタープライズ向けBGが担当している。ファーウェイは、大企業クラスの顧客である通信キャリア向けだけでは、事業の成長はすぐにボトルネックにぶつかることに気づいた。そこで中小企業の顧客にもサービスを提供することにしたのだ。だが、中小企業向けと大企業向けでは販売モデルがまったく異なる。この市場では大口顧客向けの人海戦術を使ってサービスを行うことはできない。なぜなら製品、販売から営業といったストラテジーのどれを取っても、きわめて大きな差異が存在するからだ。中小企業の顧客に対して、国際的な競争相手はシスコシステムズで、中国国内の競争相手はレノボ（聯想）、Ｉｎｓｐｕｒグループ（浪潮集団）、Ｈ３Ｃ等である。現在、ファーウェイのこの分野はたいへん順調に成長している。

最後に、コンシューマーに対しては、コンシューマー向けＢＧが担当している。現在の責任者は余承東《リチャード・ユー》で、主な製品にはスマートフォン、ノートパソコン、スマートウォッチ等がある。ファーウェイの初期のメイン顧客は法人で、消費者へのサービスの経験はなく、得意分野は大きくて地味なネットワーク設備の構築だけで、小さくて上品なスマートフォンはつくれるわけがないと考えていた。だがファーウェイは臨機応変にキャリアを通じた販売モデル（Ｂ２Ｂ２Ｃ）〔Business-To-Business-To-Consumerの略。ここではファーウェイが、大手通信キャリアから借り受けたモバイルネットワークを活用し、消費者にサービスを提供すること〕によって現在の自社ブランドのＢ２Ｃ〔Business-To-Consumerの略。企業が個人消費者を対象にして行う電子商取引のこと〕まで歩み続けてきた。ファーウェイは特色のある道を歩んでいる。

最も賞賛に値するのは、ファーウェイがこの3種類のビジネスモデルを行う際に同じヒューマンリソースマネジメントモデルを用いている点である。これは世界でも唯一無二の例だ。マネジメントのコアの命題は何か。それは人の能力を活性化することである。経営環境の変化に対してきわめて敏感で、人間の性質を熟知している任正非は、「ファーウェイには歴史など必要ない」と力を込めて言い切る。**ファーウェイは「原因論」や「宿命論」に縛られず、過去の能力に制限されることもない。従業員は未練を持ったり、技術に夢中になったり、経験に頼ったりしてはならない。**過去の成功は未来へ進むための頼れる案内人ではない。顧客のニーズと市場を熟知することこそ、未来へ進むための頼れる案内人なのである。

注

1　マルクス理論の「総括」、「止揚」から。「止揚」とはヘーゲルが提唱した弁証法の中の言葉で、矛盾や対立する2つの事物を統合して高い次元の結論に結びつけること。マルクスはヘーゲルから影響を受けた。

2　1809〜1882年、イギリスの自然科学者。進化論を唱え、『種の起源』を著した。

3　質量が大きいものは、何かを変える際に相当のエネルギーがかかること。転じて大企業ほどフットワークが重くなるという意味。

34 歪瓜裂棗《ワイグァリエザオ》——不器用な人

ファーウェイの「ベートーベン」を探せ
——トップ人材に「タマゴを産ませる」

【任正非語録】

優秀な人材というのはたいていが「屈折した天才」です。ここにいるみなさんは、ベートーベンがファーウェイに入るとしたら受け入れられますか。これまで、耳の聞こえない人が音楽家になれるなど誰が考えたでしょうか。ファーウェイは不器用な人を容認し、社交的ではない人を容認し、彼らのユニークな発想が社内で熟成されるのを容認します。ですから「心の声コミュニティ」は従業員が会社の批判をするのを認めていますし、投稿はすべて私も目を通しています。批判がどこにあるのかを見て、それのどこが本当に問題なのかをリーダーに見てもらいます。もし本当に問題があるなら、すぐに改善しなければなりませんから。

出典：「IPDの本質は機会からビジネスを実現すること」、ファーウェイIPD構築・10人異才および優秀XDT賞受賞式での任正非のスピーチ、2016年8月13日

ファーウェイの人材は、99％と1％の2つのタイプに分けられる。

99％の普通の人材には必ず「之」の字型成長路線（136ページ参照）を歩むよう要求している。彼らは第一線での業務経験だけでなく、研究開発、販売、サービス、事務所等といった複数の職場で鍛えられる。

残り1％のクリエイティブ人材、厳密には「天才」と称する部類に属する人物についてだが、人には天賦の差があることを認めざるを得ない。0から1を生み出せる人というのは、後天的に努力し、それぞれの職場で揉まれて生まれるものではないのである。

2013年以前は、幹部とエキスパートに「之」の字型成長路線を歩むことを要求したが、2013年にファーウェイがエリクソンを抜いて、業界全体のリーダーとなってからは、0から1にする必要性がさらに増えたため、1％の人材を喉から手が出るほど必要としていた。企業の発展段階が異なれば、人材活用策にも大きな違いが生じてくる。

任正非はファーウェイの「屈折した天才」や「変わり者」たちを「不器用な人」と喩えている。「不器用な人」とは、業績はよいけれど、ある面で会社の規則、ワークフローを順守できないような人のことである。特に技術系のエキスパートは個性が強く、自分なりのこだわりがある。任正非は言う。

ファーウェイは「不器用な人」たちの奇想天外な発想に寛容であるべきです。これまで「歪《ワイ》瓜裂棗《グァリエザオ》」〔歪んだ瓜と裂けた棗《なつめ》のことで、不器用、不細工の意〕といえば、裂けるという「裂」の字は劣等生、劣っているという意味の「劣」だと思われてきました。[1]ですが、それは間違っていると言いたい。棗が裂けるのは一番甘いときで、瓜が歪んでいるのも一番甘いときなのですから。周囲からいい目で見られない彼らですが、我々はこういった人たちを評価すべきです。今日、我々は王国維《おうこくい》〔１８７７〜１９２７年。清末・中華民国初期の学者〕、李鴻章《りこうしょう》〔１８２３〜１９０１年。清朝の政治家〕を見直すべきです。実は彼らこそ歴史上の「不器用な人たち」なのですから。我々は「不器用な人」を理解し、サポートするべきです。彼らは時代の先を行っているため、凡人には理解できないかもしれません。彼らがこの時代のゴッホ〔１８５３〜１８９０年。オランダのポスト印象派の画家〕、この時代のベートーベンではないと誰が言えるでしょうか……。

任正非がこう考えるのは、第二次世界大戦後の世界的な人材移動の潮流を深く観察し、人材の配置の重要性を考えたからだ。第二次世界大戦後、人材の大移動があった。３００万人のユダヤ人がソビエト（ロシア）からイスラエルへと移り、イスラエルのハイテク発展に寄与した。今、世界では再び人材移動が出現している。ファーウェイは世界各地に科学研究センターを設置し、ロシアでは数学・アルゴリズムの研究、フランスでは美学の研究、日本では応用材料の研究、ドイツでは製造エンジニアリングの研究、アメリカではソフトウェアアーキテクチャの研究が行われている。

海外16の都市に設立されている研究開発機構は、外国籍のエキスパートが90％以上を占めている。ファーウェイはこれらのトップ人材が行きたいところに、研究開発センターを設置している。任正非は人材の大移動について大歓迎だと言う。ファーウェイには資金力があるし、プラットフォームも安全が保障されている。天がくれたチャンスを逃してはならない。優秀な人材が集まれば、未来の構造や思考の壁を乗り越えられる。今やブラックスワンが飛び回る時代だ。ブラックスワンは予測できないものではあるが、その生息地に人材を配置し、ブラックスワンを最大限に取り込み、それがもたらすＩＣＴ（情報通信技術）という科学技術の飛躍的な発展を捉えるのである。

任正非は特にグーグルの人材選抜の方式を評価していて、このやり方だからこそグーグルはトップの人材を網羅しているのだと考えている。そして社内で人材を破格に抜擢し、優秀な人材が頭角を現せるようにし、取り込んだトップ人材が安心して「タマゴを産む」ために、任正非は古今東西のさまざまな例を挙げている。

・**霍去病**《かくきょへい》〔前１４０頃～前１１７年〕

前漢・武帝時代の武将。18歳から匈奴征伐のために砂漠地帯を転戦して功を上げ、24歳の若さで病死した。彼が功績を上げて名を轟かせたのは、まだ20歳くらいの頃である。これと比べると、現在ファーウェイの研究開発部門の職級は、どんなに高くてもせいぜい17級だ。17級は上級大佐にあたるが、霍去病は今でいえば上将軍である。

・曹原《ツァオユアン》〔1996年～〕

現在、マサチューセッツ工科大学の博士課程の学生。彼のグラフェン〔炭素原子が蜂の巣状（ハニカム状）に強固に共有結合した層でできたシートで、厚さは原子1個分。熱伝導性や電気伝導性が高く、バッテリーの容量やコンクリートの強度を倍にするなど、さまざまな用途での応用が期待されている素材〕に関する論文は、雑誌『ネイチャー』に掲載された。このような人材がもしファーウェイに入社したら、彼に19級や20級を与えるだろうか。現在、ファーウェイの研究開発チームで19級の従業員の平均年齢はなんと40歳近くである。

・グレゴール・ヨハン・メンデル〔1822～1884年。オーストリアの司祭。粒子遺伝を提唱した〕

メンデルがエンドウマメの栽培中に遺伝の法則を発見してから数十年もの間、この法則は誰からも理解されなかった。1900年代に入って、遺伝の法則はようやく人々に理解され、受け入れられるようになったのである。

ほかにも例はある。かつてファーウェイに招かれて「軍隊の魂と血について」という話をした金《ジン》一南《イーナン》将軍は、国防大学戦略研究所所長である。彼はファーウェイで3回講義を行い、任正非は毎回聴講しに行った。金一南将軍のプロフィールをよく見ると、彼はかつて図書館の管理員であった。ファーウェイ初期にいた電源チームの主力メンバーは、かつて歯科医であった。

任正非は社内でこうした類似例を多数挙げているが、それは人事部とＨＲ部には、異なるタイプの人材に対して差別化する制度と仕組みを制定してほしいからである。任正非は、ファーウェイは外部のハイエンドエキスパートといった人材に対して「クラウドファンディングとフラッシュ型」〔プロジェクトを行なう際に人材の知恵を集め、終われば一瞬で解散する方式〕のマネジメント方法を用いるべきで、1人の科学者を20年も束縛する必要はなく、3年や5年だけの在籍でもかまわないと考えている。ただ業績目標を達成できればよく、報酬は欲しいだけ持っていけばよいのだ。その報酬は、ひょっとしたら彼が一般企業で20年働き続けた場合の所得よりも多いかもしれない。科学という道において、ファーウェイは考え方の違う人を押さえつけず、違った視点を持つようにしている。これこそファーウェイが標榜する「複数のルート」というものである。そうするだけで、未来へ歩む道はどんどん広がっていくのである。

マネジャーの重要な挑戦とは、トップ人材をいかに合理的に評価し、彼らに真の価値を発揮させて、その貢献に釣り合った報奨を与えられるかである。任正非はこう訴える。マネジャーはファーウェイの価値観と方向性の先導のもとで、マネジメント策と制度の実情に即して個人を評価するべきで、規則や制度が硬直化した状態で実行してはならない。価値の分配という面で、マネジャーはあえて欠点のある奮闘者と話をして、核心要素である「貢献」に注目すべきで、完全無欠を求めて責任追及をしてはならない。「変わり者」というのは、ある面では常人と異なるところがある。マネジャーは彼らの長所をよく見るようにし、才能を発揮できる良好な環境を創出し、その長所を活用すべきである。

ファーウェイの従来の人材システムはピラミッド構造であった。ピラミッドは閉鎖的なシステムで、昇級を制限し、給与の天井をつくってしまう。そのため、ファーウェイは人材ピラミッドのてっぺんを開いて、オープンな人材システムと組織アーキテクチャを形成することにした。こうしてようやく世界レベルの人材を受け入れられるし、さまざまなタイプの人材のために昇級の道を構築できるのである。

ファーウェイはあらゆる学科の人材を受け入れ、会社に長期にわたって影響を与えるような技術と知識体系を構築している。通信、電子工学等を専門とする人材だけでなく、神経学、生物学、化学、マテリアル工学、理論物理学、システム工学、制御工学、統計学等、幅広い分野からも採用している。

注

1 「裂」と「劣」の北京語の発音は同じ「liè」。

35 ドン・キホーテ

信じているから見える

【任正非語録】

新たな機会においては、あえて世界の名だたる大企業の前に立つべきです。ファーウェイは創業時から現在まで、ドン・キホーテだといわれています。なぜでしょうか。我々はこれまですべての製品に対して、その研究が国際的に繋がるところにポジショニングしていますし、製品は必ず世界の先進レベルに位置づけ、中国国内のお客様のニーズを満たすだけには定めていません。マネジャーが理屈を追い求めるばかりで下を向いて仕事をしていては、未来の戦略についての思考力が鈍ります。機会を捉えて会社が前に進んでいくのを牽引していけば、会社の古いバランスは壊され、新しいバランスが取り入れられます。こうして会社は新たな階段を１つ上ることになるのです。

出典：「チャンスを捉えて、メカニズムを調整し、挑戦を迎える」、上海郵電―深圳ファーウェイにおけるマネジメントシンポジウムでの報告、１９９７年５月30日

『ドン・キホーテ』はスペインの作家セルバンテスの長編小説である。騎士道小説に魅入られた貧しい郷士の物語で、彼は物語の中から抜け出せなくなり、自分のことを中世の騎士だと思い込んでしまう。彼はドン・キホーテと名乗り、鎧を着て痩せた馬に乗り、従士のサンチョ・パンサを連れて旅に出る。道中、風車を巨人だと思い込んだり、ヒツジの群れを軍隊と勘違いしたりしてひどい目に遭う。郷士が起こす騒動は笑い話となるが、最後は何の功も立てられず故郷に戻る。郷士は死ぬ間際にようやく正気に戻ったのだった。

後にドン・キホーテという名は、現実離れして、空想好きで、主観主義で、世事に疎い上に頑固で、歴史の流れから遅れているといった意味と同義になった。１９８０年代の末、通信設備の市場競争は熾烈だった。当時、設立まもないファーウェイが描く発展の構想は、現実離れしていて、半ばクレイジーともいえるものであった。任正非はドン・キホーテの名で当時のファーウェイを形容している。当時のファーウェイは１匹のアリのようで、大きなゾウの足元に立ち「ゾウのように大きくなるぞ」と叫んでいたのだと。これはまさに現代版ドン・キホーテである。

今でこそファーウェイは通信業界の最前線を歩んでいるが、過去を振り返れば、長槍を手によろよろと市場を開拓していた時期があり、その記憶はなおもしっかりと心に刻まれている。２０１９年4月29日、私は東莞《ドンガン》市松山湖の溪流背坡村《シーリウベイポー》にあるファーウェイの「ヨーロッパ村」[1]、南方工場のＰ２０スマートフォン製造ライン[2]、深圳坂田基地にある２０１２ラボを視察したが、任正非の「ドン・キホーテ」精神を再び感じた。そして大きな感銘を受けた点をここに記しておきたい。

1. 信じているから見える

伝記『スティーブ・ジョブズ』の作者ウォルター・アイザックソン（1952年〜。アメリカのジャーナリスト、作家。『タイム』編集長、CNNのCEOを歴任）は、伝記の中でアップルの広告コピーについて触れている。「自分が世界を変えられると本気で信じているクレイジーな人たちこそが、本当に世界を変えられるのだ！」。この言葉はスティーブ・ジョブズにぴったり当てはまるし、任正非にはさらにぴったりの言葉である。

私は松山湖本社基地の溪流背坡村を歩きながら、140億元（約2240億円）を投入して建設された「ヨーロッパ村」を見て、1998年に任正非が自らの意見を貫き通し、荒れ果てて人家もまばらな坂田村にファーウェイの基地を建設した頃のことを思い出していた。このように大きな仕組み、大きな勇気、あえて戦略リスクを担う人材こそ世界中に影響を与えることができるのである。

2. テリトリーを厳守する

任正非はこの時代のビジネスの巨人である。個人的に任正非がすごいと思うところは、内心では激しく燃え上がっているのに、対外的なパフォーマンスはひどく謙遜していて、並大抵の「抑え」ぶりではない点である（任正非は2019年4月にアメリカCNBCの記者からインタビューを受けた際、「ファーウェイは創立以来、30数年にわたってずっと謙虚に振る舞っています」と答えている）。これはファーウェイ松山湖のスマートフォン製造ラインの壁に掛かっている「真の強者とは、終始謙遜と学習の心を保っている人である」という標語そのものだ。これは智者の生き残りの道である。大事を成す人というのは、努力し続けるだけではなく、自分の欲も抑え続け、自分のテリトリーがどこにあるのかを常に理解しているのである。任正非のテリトリーは、ビジネスだ。

3.「田んぼが肥沃」であってこそ、「牛の丈夫さ」を語る意義がある

松山湖基地の赤いミニ列車（小汽車）を下車して歩き、イタリアのコロッセオを模した建築物の石を触ったとき、こんなことを思った。それは、経営とマネジメントでは経営が永遠に第一であり、マネジメントは第二であるということだ。ここにある輸入の石はすべて豊富な資金力の表れである。経営面での豊富な利益がなければ、マネジメント面でのソフトウェアとハードウェアに大金を投じることはできない。ファーウェイが属する業界は投資が大きく、ハイリターンで、戦略的に外堀を広くしていく業界で、これは継続的に開拓できるレースコースである。レースコースは何よりも一番大切なものである。我々は地主の牛が丈夫（＝よいマネジメント）であるかを見極めるよりも、まずは地主の田んぼは多いか、土壌は肥沃（＝よい経営）であるかを見極めなければならない。

4. 財を集めれば人は去り、財を撒けば人が集まる[3]

99％の人は富を前にすると、まず衝動的に集めようとする。そしてそれを自分の物にし、カネは彼らが追求する目標となる。だが1％、あるいはもっと少数の人は、富を前にしたとき、まず衝動

的にばら撒こうとする。財産を撒くことで、カネは彼らの理想や抱負を実現するためのツールとなる。任正非が後者に属するのは言うまでもない。

注

1　ファーウェイの基地はヨーロッパ風の建物が立ち並ぶことからこう呼ばれる。

2　「松山湖生産ライン」とも呼ばれる。

3　原文は「財聚人散、財散人聚」。

36 林志玲《リンチーリン》の美

金ならば必ず輝く
——「西側」で輝いていなければ「東側」で輝いている

【任正非語録】

我々は長年、アメリカの一部の人やメディアから歪曲され、攻撃されていますが、これは彼らが我々の「美」を嫉妬していることを意味しています。林志玲の美しさを歪曲したところで、変えられるものでしょうか。彼女の持つ輝きは嫉妬したところで阻止できるものでしょうか。我々は自分に誇りを持ち、自信を持ち、もっと頑張ることで、自分を美しく、さらに美しくしていくのです。平等の基本は力量です。我々はプラットフォームに、より力を入れて、明日の勝利を構築していきます。将来的な競争はプラットフォームの競争なのです。

出典：2010年PSST部門幹部大会での任正非のスピーチ

林志玲は1974年に台北で生まれた女優、モデル兼司会者である。2003年に台湾で行われたコンテストで「台湾一の美女」となった。[1]今、流行りの美意識の基準からすると、林志玲がきわめて美しい女性であることは疑いようもない。

任正非はファーウェイの多くのスピーチの中で「美」について話す際、よく林志玲のことを引き合いに出す。たとえば、2015年1月8日に行われた法務部、董事会秘書および無線通信部門の従業員との座談会で、いかに自分を励ますかという話題になったとき、任正非はこんな話をしている。

あなたがリーダーから認められないときには、自分で自分を褒めてみるとよいでしょう。それでも満足できなければ、自分がいかによい人間かを録音して、それを繰り返し再生して聞くのもよい。これも自分を励ます方法です。他人から賛同されず、評価されていないときは、自分のことを林志玲だと思えばよいです。「私は鏡なんて見ない、私は私」――これも自分に対する励ましです。当然ながら、この美には謙虚さはありませんし、わずかな時間で自分を励ますものですが、あなたには本当の美しさ、内面の美しさがあるかもしれません。

また、たとえば2018年4月26日に行われた戦略予備隊〔毎年、社内の優秀な従業員上位25％で編制される。プロジェクト実践型のトレーニングを一定期間行った後、実地に向かわせる〕報告会の際、任正非はスピーチで、戦略予備隊の成績はリアルで有効なものであるべきだと述べた際、このように話している。

実習生は、戦略予備隊で訓練を受けたことが成績になるわけではありません……戦略予備隊は実践から始まって、実習生に新たな作戦方法をつくり出す力を与えます。実習生は、実践の中でその方法を運用して貢献するのです。それこそが戦略予備隊の成績なのです。

任正非は林志玲の美をファーウェイの美に喩えることで、ファーウェイの自信と誇りに反映させ、同時に彼の美意識は時代とともに歩むものであることも映し出している。

西側の一部メディアは、長期にわたってファーウェイを貶めている。アメリカは政府の権力を使ってファーウェイの正常なビジネスに圧力をかけ続けており、任正非はこれらにひどく立腹している。彼は、「林志玲の美」は誰かに汚されたとしても否定できないもので、「ファーウェイの美」も一部のメディアがどうこう言ったところで否定できないものだと考えている。

アメリカの情報通信市場は非常に大きいが、アメリカも世界の一部にすぎない。また、アメリカ市場でのファーウェイの売上高は、ファーウェイ全体の売上高の比重としてはたいへん小さなものである。ゆえに、我々はこう信じている。ファーウェイは顧客第一主義を守り抜くだけで、顧客に価値を創造し続けられるし、「西側」〔いわゆる欧米〕で輝いていなければ「東側」〔いわゆるアジア諸国〕で輝いているのだ。世界中のファーウェイの顧客が、最終的にファーウェイにフェアな答えを出してくれれば、「ファーウェイの美」は続いていくのだと。

注

1　日本のテレビドラマなどにも出演し、2019年、ダンス&ボーカルグループEXILEのAKIRAと結婚し、話題になった。

あとがき

私はファーウェイのマネジメントモデルを15年間研究してきたが、特にこの2人に感謝の意を述べたい。まず陳春花《チェンチュンホア》教授である。陳教授は中国企業のマネジメント理論を常に提供して、実践の背後にある論理と道筋を明らかにしてくださった。もう1人は任正非氏、私のかつてのボスである。任氏は私に研究対象を示し続け、私は抽象的なマネジメント理論がどのように地に足のついたマネジメントの実践へと変わっていくかを見ることができた。

また、任氏の側近である黄衛偉教授、呉春波教授、陳培根教授、田涛氏といったマネジメントのブレーンたちは、業界にファーウェイの「マネジメントのよい手本」を示してくださった。私は常に彼らのマネジメントに関する文献を読み研鑽に励んでいる。彼らが継続的に総括し、世に広めているおかげで、世間の人たちは今やクリアかつ徹底的にファーウェイのマネジメント思想を理解できるようになった。

さらに、我々のここ数年のプロジェクト提携過程において、多大なサポートをいただいた企業の社長のみなさま――台湾頂新《ディンシン》集団の魏応行《ウェイインシン》董事長、三宝《サンバオ》科技集団の沙敏《シャーミン》董事長、ＯＰＰＯの陳明永《チェンミンヨン》総裁、雷沃《レイウォー》重工の王桂民《ワングイミン》董事長、振徳医療《ジェンドーメディカル》の魯建国《ルージェングオ》董事長、金溢《ジンイー》科技集団（英語名はＧＥＮＶＩＣＴ）の羅瑞発《ルオルイファ》董事長、亜宝《ヤーバオ》薬業集団の任偉《レンウェイ》総裁、奥琦瑋《アオチーウェイ》集団（英語名はＣＥＷＩＬＬ）の孔令博《コンリンボー》董事長、緑瘦《リューショウ》健康産業集団の皮涛涛《ピータオタオ》董事長、中凱華府《チョンカイホアフー》集団の李瑞清《リールイチン》董事長、広州工程総承包集団協安公司の劉佳武《リウジィアウー》董事長、華微《ファーウェイ》ソフトウェアの李静《リージン》董事長、山東魯華《ルーファー》集団の曹凱《ツァオカイ》総経理、中国建設銀行中山市分行の頼小平《ライシャオピン》支店長、高科《ガオカー》通信の陳彦文《チェンイエンウェン》董事長、至高建材の林育輝《リンユーフイ》董事長、中交天津航道局有限公司の鐘文煒《ジョンウェンウェイ》董事長、青島酷特《クーテ》智能（英語名はＫＵＴＥ　ＳＭＡＲＴ）の張蘊藍《ジャンユンラン》総裁等にもここに感謝の意を表したいと思う。

本書の執筆過程において、ファーウェイ出身の元役員たち、清華大学、北京大学、中国人民大学の著名なマネジメント学の研究者たち、著名な企業家の方々、それから企業家コミュニティを率いる方々などあらゆる方面からの多大なるサポートをいただいた。

とりわけ、ファーウェイ元副総裁の楊蜀《ヤンシュウ》氏には感謝の意を示したい。楊氏はファーウェイに17年間在籍し、26歳で代表になり、32歳でファーウェイ海外エリア総裁になった。楊氏は早くからマネジメント方面で天賦の才を現し、ファーウェイ海外初のモバイル・インテリジェンスやＧＳＭネットワークビジネスといったプロジェクトを開拓して受注を勝ち取った。またＩＴ、電気通信、企業、家電および電子商取引の総合的なソリューションを豊富に持ち、国内外の市場の開拓や、企業マネジメントのグローバル化といった経験もある。

楊氏に本書を読んでいただくようお願いしたところ、こんな言葉をいただいた。「世の中に出回っているファーウェイ関連の本は、これまで読んだことがありませんでしたが、この本の序文を書くにあたって、事前に本書を読ませていただきました。とてもよく書けていますね。この本が出版されたら、私の顧客にも送らせてもらいます」。

本書を執筆するにあたって、私はあらかじめ決めていたことがある。それは、ファーウェイのことをよく理解していない企業家の読者への啓発となる本にする、ということである。この点について、私は十分に自信を持っていた。だがまさかベテランのファーウェイ元役員から賛辞や賛同を得ることができ、しかも多忙の中で序文まで書いて推薦してくださるとは、期待をはるかに超えるものであった。さらに努力を重ねて、このような励ましと期待に報いたいと思う。

以下は本書を推薦してくださった名だたる企業家のみなさんである。改めて感謝の意を表したい。

（順不同、敬称略）

楊　蜀　ファーウェイ元副総裁、刷宝科技創業者・CEO、標普雲科技創業者・CEO

張鵬国　H3C元副総裁、宇視科技創業者・CEO

俞渭華　ファーウェイ営業幹部トレーニングセンター元主任、華友会初代会長

沙　敏　三宝科技集団董事長（香港取引所上場企業）

羅瑞発　金溢科技集団董事長（深圳証券取引所上場企業）

龔翼華　九州通医薬集団CEO（上海証券取引所上場企業）

張蘊藍　酷特智能総裁

鄭貴輝　中創集団総裁

彭剣鋒　『ファーウェイ基本法』起草グループのグループリーダー、中国人民大学教授・博士課

程指導教員、華夏基石マネジメントコンサルティング集団董事長
魏　煒　北京大学滙豊商学院マネジメント学教授、「魏朱ビジネスモデル」理論創始者
鄭毓煌　清華大学経済マネジメント学院博士課程指導教員、営創学院院長
余勝海　財務作家、ビジネスケースの研究者
劉世英　総裁読書会創業者・CEO、中国企業改革と発展研究会副会長、経済関連の伝記作家
孟云娟　広東省企業聯合会、広東省企業家協会執行会長
鄭義林　華董滙創業者、博商会創会秘書長、藍獅子中国企業研究院顧問
陳雪頻　智慧雲初代パートナー、小村資本パートナー
唐　文　水素原子CEO

この中で特に謝意を述べたい方がいる。それは水素原子のCEO唐文《タンウェン》氏である。唐氏は北京大学哲学系出身の秀才で、2018年に葉壮《イエジュアン》氏と私の共著でベストセラー『秒懂力』〔秒速の理解力〕を著し、また共同で「北策南企〔北方の専門家と南方の企業を指す〕50人フォーラム」を立ち上げた。この数年、唐氏は私心なしに私を連れて中国国内のユニコーン企業、巨大企業を訪問してくださり、書享界創業の道における私の一番の理解者である。唐氏はファーウェイでの業務経験はないが、いつもファーウェイのマネジメントの実践に対して独特の見解を出し、私に新たな啓発を与えてくださっている。

1人ひとりの力は微々たるものである。ただ、組織に溶け込めば、より強い力とよりよい未来を持つことができる。九三学社広東省委員会、広東省企業聯合会、広東省企業家協会、広東省ヒューマンリソースマネジメント協会、広東省首席情報官協会、北策南企50人フォーラム、中国ユーザー体験連盟、中山大学管理学院、中山大学嶺南学院、暨南大学マネジメント学院、華南理工大学工商管理学院、華友会育成コンサルティング連盟、華友会ファーウェイ管理研究院、転型家といったみなさんからのサポートに感謝します。またこれらの組織のリーダーのみなさんが、私とともに進歩していきたいと考えてくださったことにも感謝いたします。

2019年8月24日、書享界は創業5周年を迎えた。読書会の発足からビジネススクールになるまでの5年間の中で、書享界はファーウェイのマネジメント思想を広め続けてきた。書享界のアカウントを開けば、「ファーウェイ」と「任正非」という2つの言葉が頻出しているのがわかるだろう。書享界のフォロワー15万人のみなさんの継続的なサポートに感謝いたします。また300名に及ぶ書享界シンクタンク専門家および書享界VIP会員のみなさんのサポートにも感謝いたします。みなさんからの継続的な賞賛とサポートがなければ、書享界が今日まで歩み続けるのは難しかったでしょう。

最後に、人民郵電出版社の袁璐《イエンルー》氏に感謝の意を述べたい。袁氏からは多大なるサポートをいただき、また数々の素晴らしい提案も頂戴した。本書が予定通り出版できたのは、宋燕《ソンイエン》氏の編集業務、それから人民郵電出版社の張渝涓《ジャンユージュエン》氏など、リーダーのみなさんからの多大なるサポートのおかげである。たいへん感謝している。

また、私自身の成長の道で、サポートしてくださったお客様、提携パートナー、それから親友たち……紙幅の都合上、1人ひとりの名を挙げることは叶わないが、みなさんに感謝を捧げたい。

「世界のどこかに理解し合える友がいれば、遠くに離れていても傍にいるように感じる」（原文は「海内《かいだい》知己《ちき》を存《そん》すれば、天涯《てんがい》も比隣《ひりん》の若《ごと》し」唐代の詩人、王勃《おうぼつ》が友人を見送った際の詩の一節）。

本書があなたと私を繋げる、ともに未来へと歩む懸け橋となることを願っている。

鄧斌　２０１９年６月、広州天河にて

参考文献

[1]黄衛偉『以奮闘者為本：華為公司人力資源管理鋼要』（奮闘者が基礎：ファーウェイのヒューマンリソースマネジメント要綱）北京：中信出版社、2014

[2]黄衛偉『以客戸為中心：華為公司業務管理鋼要』（顧客第一主義：ファーウェイの事業マネジメント要綱）北京：中信出版社、2014

[3]田涛、呉春波『下一個倒下的会不会是華為』（次に倒れるのはファーウェイか）北京：中信出版社、2012

[4]陳春花『経営的本質』（経営の本質）改訂版、北京：機械工業出版社、2016

[5]ジョン・A・バーン『藍血十傑：美国現代企業管理之父』（10人の天才：アメリカ現代企業のマネジメントの父）陳山、真如訳　海口：海南出版社、2008

[6]呉春波『華為没有秘密』（ファーウェイに秘密はない）豪華版　北京：中信出版社、2016

[7]田涛、殷志峰『槍林弾雨中成長』（弾丸が飛び交う中での成長）北京：生活・読書・新知三聯書店、2017

[8]ジェレミー・リフキン、テッド・ハワード『熵：一種新的世界観』〔邦題は『エントロピーの法則・21世紀文明観の基礎』祥伝社〕呂明、袁舟訳　上海：訳文出版社、1987

[9]ピーター・ドラッカー『卓有成效的管理者』〔邦題は『経営者の条件』ダイヤモンド社〕許是祥訳

北京：機械工業出版社、2018
[10]田涛、殷志峰『黄沙百戦穿金甲』（黄沙《こうさ》百戦《ひゃくせん》金甲《きんこう》を穿《うが》つ）北京：生活・読書・新知三聯書店、2017
[11]田涛、殷志峰『華為系列故事：厚積薄発』（ファーウェイシリーズ昔話：厚積薄発）北京生活・読書・新知三聯書店、2017
[12]陳春花、趙海然『共生：未来企業組織進化路径』（共生：未来の企業と組織が進化するルート）北京：中信出版社、2018
[13]田涛等『邁向新賽道』（新たなレースコースへ向かって）北京：生活・読書・新知三聯書店、2018

楠木　建（くすのき　けん）
1964年東京都生まれ。89年一橋大学大学院商学研究科修士課程修了。一橋ビジネススクール教授。専攻は競争戦略。企業が持続的な競争優位を構築する論理について研究している。
共著書に『逆・タイムマシン経営論 近過去の歴史に学ぶ経営知』（日経BP）、著書に『ストーリーとしての競争戦略 優れた戦略の条件』（東洋経済新報社）、『室内生活 スローで過剰な読書論』（晶文社）など。

鄧　斌（ドン　ビン）
九三学社（中華人民共和国の衛星政党の１つ）党員、企業読書会「書享界」創業者、CEO。ファーウェイに11年間在職し、中国国内の事業計画やコンサルティング業務を担う企画・コンサルティングディレクターのコアメンバーとして活躍。退職後もファーウェイのマネジメントモデル研究の第一人者として、15年あまりにわたりファーウェイの動向を追い続けている。企業のマネジャークラス向けに講座「ファーウェイマネジメントの道」を通算300回以上開講し好評を博す。ファーウェイ出身のトレーナー、コンサルタント・マネジャー、デジタル・エコシステムパートナーなどハイエンド人材とのつながりも深い。

光吉さくら（みつよし　さくら）
翻訳家、日本大学経済学部非常勤講師。お茶の水女子大学大学院博士前期課程修了。企業勤務を経て北京へ留学。帰国後、台湾ドラマ配給会社で日本語版制作を担当。訳書に『いつもひとりだった、京都での日々』、共訳書に『三体』（ともに早川書房）、『これぞジャック・マーだ』、『紫嵐の祈り』（ともに大樟樹出版社）など多数。

任正非《レンジェンフェイ》の経営哲学《けいえいてつがく》36の言葉《ことば》
ファーウェイ　強《つよ》さの秘密《ひみつ》

2021年２月１日　初版発行

著　者　鄧　斌
監修者　楠木　建
訳　者　光吉さくら
発行者　杉本淳一

発行所　株式会社　日本実業出版社　東京都新宿区市谷本村町３－29 〒162－0845
大阪市北区西天満６－８－１ 〒530－0047
編集部　☎03－3268－5651
営業部　☎03－3268－5161
振　替　00170－1－25349
https://www.njg.co.jp/

印刷／壮光舎　製本／共栄社

ISBN 978－4－534－05833－1　Printed in JAPAN